AF552141

Dominik Eulberg & Matthias Garff

TÖNENDE TIERE

Die Musik heimischer Stimmwunder

eichborn

Die Bastei Lübbe AG verfolgt eine nachhaltige Buchproduktion. Wir verwenden Papiere aus nachhaltiger Forstwirtschaft und verzichten darauf, Bücher einzeln in Folie zu verpacken. Wir stellen unsere Bücher in Deutschland und Europa (EU) her und arbeiten mit den Druckereien kontinuierlich an einer positiven Ökobilanz.

Eichborn Verlag
in der Bastei Lübbe AG

Originalausgabe

Umschlaggestaltung: Natalia Luzenko aka Eulberg
Einband-/Umschlagmotiv: Matthias Garff
Texte & Musik von Dominik Eulberg
Skulpturen von Matthias Garff
Fotos der Skulpturen von Veronica Garcia
Design, Bildbearbeitung, Satz von Natalia Luzenko aka Eulberg
Gesetzt aus der: GT Haptik & GT Super (Grilli Type)
Druck und Verarbeitung: Druk Intro SA

Printed in Poland

ISBN 978-3-8479-0106-8

5 4 3 2 1

Sie finden uns im Internet unter eichborn.de

Inhalt

Einleitung

Die gängigste Art und Weise, in der momentan in den Medien über Natur gesprochen und berichtet wird, ist der Ton der Tragödie. Und dafür gibt es auch gute Gründe: Das sechste Massenaussterben schreitet mit galoppierendem Tempo voran, die Klimakrise wütet, Menschen leiden unter der Zerstörung der Biosphäre, müssen ihre Heimat verlassen und etwa die Hälfte der fruchtbaren Humusschicht wurde in den letzten hundertfünfzig Jahren weltweit zerstört. Wir wollen auf den Mars fliegen, um dort erdähnliche Zustände zu errichten und verwandeln dabei die Erde in eine Marslandschaft. Und obwohl diese Themen immer stärker in die öffentliche Debatte drängen, ist noch nicht ersichtlich, dass auch entsprechend gehandelt wird: Wir rennen weiter sehenden Auges auf den Abgrund zu. Die Dringlichkeit ist also offenkundig, und auch die Grundmotivation für dieses Buch und dieses Projekt. Aber wir entscheiden uns bewusst dafür, etwas anderes in den Vordergrund zu stellen und nicht in einen dystopischen Alarmismus zu verfallen: Wir wollen den Zauber der Natur feiern!

Denn zum einen gibt es zum Optimismus keine sinnvolle Alternative, wie der Philosoph Karl Popper schon so vortrefflich bemerkte. Zum anderen fehlt uns schlicht das Vokabular, den für unsere Sinne unbegreiflichen drohenden Ökozid kognitiv beschreiben zu können. Begriffe wie Klimaerwärmung, Insektensterben, Desertifikation oder Tipping-Points sind wie Schreckgespenster in der Geisterbahn eines Jahrmarktes: Sie verlieren spätestens bei der zweiten Runde rasch ihr Grauen. Seit Jahrzehnten prangern Wissenschaftlerinnen und Wissenschaftler diese Bedrohungen für die Menschheit an, wie etwa der Club of Rome 1972 in seiner Studie »Die Grenze des Wachstums« oder Rachel Carson 1962 in ihrem beeindruckenden Werk »Der stumme Frühling«: Alles was gegen die Natur geht, geht auch gegen uns Menschen. Doch unsere Abhängigkeit von fossilen Brennstoffen lähmt uns, die Gier nach Geld, Macht und alteingesessener Lobbyismus heizen dieses krankende System immer wieder und weiter an, verhindern den dringend notwendigen Transformationsprozess. So geben wir derzeit weltweit hundertfünfzigmal mehr Geld für die Zerstörung der Natur aus, als wir etwa auf der Weltnaturkonferenz in Montreal für den Naturschutz zugesagt haben. Treibhausgasemissionen nehmen nicht ab, Rote Listen werden länger und länger, immer mehr Flächen fallen unserem Fraß zum Opfer. Es zeigt sich klar: Wir kommen auf diesem »Es-ist-alles-ganz-ganz-schlimm,-aber-noch-kann-man-die-Kurve-bekommen«-Kurs nicht weiter.

Wir wollen in diesem Buch unsere Mitmenschen durch positive Emotionen bewegen, etwas zum Schwingen bringen. Beschreiben, wie man sich von der überbordenden Mannigfaltigkeit der Natur berühren lassen kann, zeigen, wieso diese Schönheit und Vielfalt so glücklich machen kann. Dieses Buch soll anregen, selbst die großen und kleinen Wunder der Natur direkt vor der eigenen Haustüre zu entdecken. Denn wir nehmen nur das wahr, wofür unsere Sinne sensibilisiert wurden. Dann können wir das Wunder des Lebens besser erahnen, unsere Umwelt zur Mitwelt werden lassen, unseren Mitbewohnerinnen und Mitbewohnern in der Welt der Flora, Fungi und Fauna auf Augenhöhe und mit dem nötigen Respekt begegnen. Schon in unserem täglichen Sprachgebrauch zeigt sich bisweilen unsere Arroganz ihnen gegenüber: Wir bezeichnen männliche und weibliche Tiere, selbst riesige Arten wie die gigantischen Blauwale etwa, verniedlichend als Männchen und Weibchen. Tiere essen nicht wie wir, sie fressen. Sie trinken nicht wie wir, sie saufen. Angst und Schmerz gestehen wir, zumindest den meisten Tieren, mittlerweile immerhin als Emotion zu, sonst gäbe es ja keine Schmerzmittel in der Tiermedizin, doch gilt das Beschreiben von positiven Emotionen eines Tieres nach wie vor als unwissenschaftlich, obwohl bei ihnen die selben Hormone für die Biochemie verantwortlich sind wie bei uns.

Wir wollen unsere tierischen Freunde mehr lieben lernen, denn wir Menschen sind nichts anderes als Wesen, die leben wollen, umgeben von Wesen, die leben wollen. Wir Menschen sind nur ein winziges Zahnrädchen einer komplexen Biosphäre, eines hoch elaborierten Netzwerks, bei dem alles in feinsten Balancen und Zyklen voneinander abhängt. »Alles ist Wechselwirkung« wie Alexander von Humboldt schon 1803 so exzellent begriff. Und wir sind mittendrin statt nur dabei, wir sind etwa näher mit dem Schimpansen verwandt als der Schimpanse mit dem Gorilla. Brechen immer mehr Arten aus diesem Netz des Lebens heraus, können ganz schnell komplexe Ökosysteme kollabieren. Mehr als hundertfünfzig Arten verlieren wir gerade jeden Tag – für immer und ewig. Dass Arten aussterben, gehört zwar zum Standardrepertoire der Evolution – 99,9 Prozent aller jemals auf der Erde existierenden Arten sind auch wieder verschwunden –, doch ist das aktuelle Tempo dieses menschengemachten Sterbens Furcht einflößend, denn es läuft in etwa tausendmal schneller ab als auf natürlichem Wege. Eine Million Arten gelten weltweit als vom Aussterben bedroht. Das große Problem ist: Ökosysteme sind so komplex, dass man kaum prognostizieren kann, wann sie kollabieren. Wie viele Arten dürfen denn aussterben? Wir können es einfach nicht wie bei Klimamodellen berechnen. Jede herausfallende Art kann ähnlich wie bei einem Jengaspiel der Baustein zu viel sein, der das System zum Zusammenbrechen bringt.

Biologische Vielfalt ist kein romantisches Gedankengut, sondern ein uraltes Prinzip der Natur, zum Erhalt des Lebens; etwas, was selbst lebensfreundliche Bedingungen schafft, wie etwa Boden oder Sauerstoff. Wir entziehen uns somit selbst die Lebensgrundlage, denn eine intakte Biodiversität ist auch eine Überlebensversicherung für uns. So sind etwa achtzig Prozent aller Pflanzenarten auf Insektenbestäubung angewiesen und auch ein Großteil unserer Medikamente, siebzig Prozent der Krebsmedikamente etwa, basieren auf natürlichen Substanzen. Verschwinden Arten, haben wir auch keine Chance mehr, sie zu nutzen. Wie viele Arten gibt es überhaupt auf der Erde? Derzeit sind rund zwei Millionen Arten beschrieben. Vielleicht gibt es zehn Millionen oder gar hundert Millionen Arten? Wir wissen es nicht. Sie verschwinden auf jeden Fall derzeit schneller, als wir neue beschreiben können. Es ist wie ein unendlich kostbares Buch des Lebens, welches wir gerade verbrennen, von dem wir nur die ersten zwanzig Seiten gelesen haben.

Schon dass wir Lebewesen in unserem anthropozentrischen Übermut in Schädlinge und Nützlinge unterscheiden, ist eine sehr gewagte Sache, denn menschliche Intelligenz ist keine Währung der Evolution. Jedes Lebewesen hat seine Berechtigung, es hat sich durchgesetzt, sonst würde es nicht existieren und ist somit ein wichtiger Teil des Systems. Jedes Zahnrädchen, welches herausbricht, kann den Mechanismus zum Stillstand bringen, egal ob groß oder klein, egal ob »hübsch« oder »hässlich«. Und eine Gegenfrage zu dieser Einteilung in Schädlinge und Nützlinge sei mir gestattet: Welchen Nutzen hat denn der Mensch für die Natur?

Ein großes Dilemma der heutigen Zeit ist: Wir hören nicht mehr richtig zu, uns selbst nicht, unseren Mitmenschen nicht, unserer Heimat Natur nicht. In einem hypervisuellen Zeitalter vergessen wir, dass das Gehör unser am besten ausgebildetes Sinnesorgan ist: das erste, welches im Mutterleib gleich nach dem Tastsinn angelegt wird, und das letzte, welches erlischt, wenn wir sterben. Doch wir vernachlässigen unseren so hochauflösenden Supersinn sträflich, foltern ihn mit Billigkopfhörern und MP3s in bescheidener Qualität. Wie etwa ruft ein Reh? Wie klingt ein Fuchs? Gerade einmal drei Prozent unserer Mitmenschen erkennen einen Buchfink am Gesang, neben der Amsel die häufigste Brutvogelart in Deutschland. Wie wollen wir schätzen und schlussendlich schützen, was wir gar nicht kennen?

Neben spannenden Wunderfakten zu den in diesem Buch vorgestellten Lebewesen hat der Leipziger Künstler Matthias Garff die Tiere aus Alltagsgegenständen lebensnah nachgebaut. Außerdem findet sich zu jedem Geschöpf ein QR-Code. Durch Abscannen des Codes hört man zunächst für zehn Sekunden die unbearbeitete Stimme des Tiers, die dann in ein kurzes Musikstück übergeht. Dieses wurde einzig und allein von den Tieren selbst komponiert, ich habe ihnen nur ein Musikinstrument zur Verfügung gestellt. Dazu habe ich ausgewählte Lautaufnahmen von zweiundfünzig akustisch spannenden Tierarten aus dem Tierstimmenarchiv des Museums für Naturkunde Berlin in Synthesizer-Daten (Midi-Files) transkribiert. Zu den so entstandenen Noten habe ich dann passende Sounds und Effekte für den Klangcharakter der Art programmiert, um künstlerisch auf besondere Eigenschaften hinzuweisen. Die Natur ist somit die Künstlerin, ich nur der Dolmetscher. Die entstandenen Musikstücke sind eindrucksvolle Zeugnisse der akustischen Vielfältigkeit und musikalischen Genialität unserer heimischen Tierwelt. Lasst uns nun die tönenden Tiere mit Pläsier erkunden, vielleicht entdecken wir ja auch den ein oder anderen Klangkünstler bei einem seiner kostenlosen Open-Air-Konzerte wieder.

Amsel

Turdus merula

Die Amsel gehört zur Familie der Drosseln. Noch vor einhundertfünfzig Jahren war sie eine scheue Waldbewohnerin. Man nennt sie deshalb auch heute noch Walddrossel. Mittlerweile ist sie mit rund zehn Millionen Brutpaaren die häufigste Brutvogelart Deutschlands. Dabei profitiert sie von der Winterfütterung in unseren Gärten und den kurz geschorenen Rasen, in denen sie mit Leichtigkeit ihre Leibspeise Regenwürmer findet. Hier kann sie mit ihren feinfühligen Füßen optimal die unterirdischen Vibrationen der Würmer wahrnehmen und an der richtigen Stelle den Boden aufhacken. Zur kalten Jahreszeit verspeist sie gerne auch Samen und Beeren, die für uns Menschen hochgiftig sind, wie zum Beispiel Tollkirsche, Seidelbast oder Eibe. Ihre Verträglichkeit gegenüber deren starken Gifte ist um das Tausendfache höher als beim Menschen. Der herrlich flötende Reviergesang der Amselmännchen wird in der Morgen- und Abenddämmerung in nahezu ununterbrochenen Folgen von exponierten Singwarten für etwa zwanzig bis dreißig Minuten vorgetragen. Für viele Komponisten und Musikwissenschaftler ist die Amsel der musikalischste Singvogel Mitteleuropas, da sie einen Tonumfang von deutlich mehr als einer Oktave aufweist und über eine enorme Ausdrucksvariabililtät verfügt, von einfachen Dreiklängen bis hin zu komplexesten Harmoniestrukturen. Ein virtuoses Männchen reiht mehr als dreißig Klangmotive zu herrlichen Musikketten aneinander. Jeder Vogel besitzt dabei zwei bis fünf Lieblingsmotive, sodass man mit etwas Erfahrung sehr gut einzelne Individuen im eigenen Garten ausfindig machen kann. Immer wieder kann man auch auffällig weißgefleckte Amselindividuen sichten. Dabei handelt es sich um eine Form von Leuzismus, einen harmlosen Mutationsdefekt, der dazu führt, dass die Federn weiß und die darunterliegende Haut rosa ausgebildet sind, da farbstoffbildende Zellen fehlen.

Größe
24 – 29 cm

Spannweite
34 – 38.5 cm

Gewicht
80 – 110 g

Fortpflanzungsperioden / Jahr
2 – 3

Nachkommen / Periode
3 – 5

Höchstalter
17 Jahre

Bundesweiter Gefährdungsgrad (Rote Liste)
nicht gefährdet

Volkstümlicher Name
Schwarzdrossel

Stimmenbeschreibung
flötend, pfeifend

Gummistiefel, Lederhandschuhe, Buntstifte, Blech, 30 x 15 x 50 cm

Auerhuhn

Tetrao urogallus

Das Auerhuhn ist unsere größte Hühnervogelart. Sein Name stammt vom althochdeutschen »ur« ab und bedeutet »wild«, also »Wildhuhn«. Die properen, schillernd gefärbten Männchen erreichen die Größe einer Graugans und ein stolzes Gewicht von bis zu fünf Kilogramm. Die Auerhühner wiegen hingegen etwa nur die Hälfte und haben ein gedecktes Tarngefieder. Das Auerhuhn gehört zur Unterfamilie der Raufußhühner; ein Name, der sich von den gefiederten Füßen ableitet. Im Winter bilden sich kleine Hornstifte seitlich der Zehen aus, wodurch ein raffinierter Schneeschuh-Effekt entsteht. Als Bewohner von Höhenlagen sind sie bestens an die kalte Jahreszeit angepasst. Im Winter ernähren sie sich von Baumnadeln und Knospen. Zum Aufspalten und Zermahlen dieser kargen Nahrung verschlucken sie Steine, die im Magen zurückgehalten werden. Im Sommer ernähren sich die Auerhühner hauptsächlich von Heidelbeeren. Ihre Balz ist eines unserer spektakulärsten Naturphänomene: Mit steil aufgerichtetem Schwanz und hochgerecktem Kopf werben die Hähne auf traditionellen Balzarenen, die über Generationen weitergegeben werden, um die Gunst der Weibchen. Ihre sonderbar anmutende Balzstrophe ist eine Choreografie aus vier strikt aufeinander folgenden Elementen: dem »Knappen« mit dem Schnabel zum Anfang, gefolgt von dem »Trillern«, welches sich dann zum »Hauptschlag« überschlägt, und schlussendlich dem »Wetzen« als großes Finale. Der Testosteronspiegel der Hähne steigt in der Balzzeit auf das Hundertfache seines Normalwerts an. Die aggressiven Männchen greifen während dieser Zeit alles an, was sich ihnen nähert, auch Spaziergänger.

Größe
60 – 87 cm

Spannweite
87 – 125 cm

Gewicht
1 500 – 5 000 g

Fortpflanzungsperioden / Jahr
1

Nachkommen / Periode
7 – 11

Höchstalter
12 Jahre

Bundesweiter Gefährdungsgrad (Rote Liste)
vom Aussterben bedroht

Volkstümlicher Name
Gurgelhuhn

Stimmenbeschreibung
schnalzend, wetzend

Trolley, Holzjalousie, Zange, Fahrradsattel, Leder, Hufeisen, 80 x 120 x 105 cm

Bekassine

Gallinago gallinago

Die Bekassine ist ein Schnepfenvogel mit enorm langem geraden Schnabel, der in etwa ein Viertel ihrer Körperlänge ausmacht. Mit ihm kann sie hervorragend im Schlamm nach Nahrung stochern. Ihr Name leitet sich von dem französischen Wort »bécasse« für Schnepfe ab. Man nennt sie im Volksmund auch »Himmelsziege«. Grund dafür sind ihre spektakulären Balzflüge in der Dämmerung, die von einem wummernden, meckernden Geräusch begleitet werden. Das Besondere an diesem Sound ist, dass es sich dabei um einen Instrumentallaut handelt und dieser wird, anders als ihre Balzrufe, nicht mit dem Stimmorgan kundgetan. Stattdessen erzeugt ihn die Bekassine durch speziell versteifte äußere Steuerfedern am Schwanz. Dazu steigt der balzende Vogel, meist Männchen, seltener aber auch Weibchen, etwa fünfzig Meter in die Höhe und lässt sich in steilem Winkel gen Boden fallen. Durch den kräftigen Luftstrom fangen die abgespreizten Steuerfedern an zu vibrieren und es entsteht ein summendes Geräusch. Das als »Meckern« wahrgenommene Tremolo wird durch rasche Flügelbewegungen erzeugt, die dazu führen, dass der Luftstrom immer wieder kurzzeitig unterbrochen wird. Dank ihres camouflageartigen Gefieders ist die Schnepfe bestens in der Vegetation getarnt. Bei Gefahr drückt sie sich an den Boden und verschmilzt so nahezu mit ihrer Umgebung. Wird sie dennoch entdeckt, fliegt sie erst im letzten Moment los und irritiert den Angreifer durch rasante Zickzack-Wendungen. Ihren Nachwuchs können Bekassinen bei Gefahr sogar fliegend abtransportieren. Dazu klemmen sie die Jungvögel zwischen Brust und nach unten gepresstem Schnabel ein. Einst brütete die Bekassine, als »Moorvogel«, wie sie auch genannt wurde, weit verbreitet in Feuchtwiesen, Sümpfen und Mooren. Heute gilt sie bei uns als vom Aussterben bedroht.

Größe
23 – 28 cm

Spannweite
44 – 47 cm

Gewicht
80 – 120 g

Fortpflanzungsperioden / Jahr
1

Nachkommen / Periode
4

Höchstalter
18 Jahre

Bundesweiter Gefährdungsgrad (Rote Liste)
vom Aussterben bedroht

Volkstümlicher Name
Himmelsziege

Stimmenbeschreibung
meckernd, wummernd

Kegel, Suppenkelle, Gartenkrallen, Blech, 40 x 20 x 55 cm

Buchfink

Fringilla coelebs

Gleich nach der Amsel ist der Buchfink unsere zweithäufigste Brutvogelart. Jedes zehnte heimische Brutvogel-Individuum ist gar ein Buchfink. Der Fink verdankt seinen Familiennamen den scharfen, explosiven »Fink fink«-Alarmrufen. Seinen markanten Gesang, den sogenannten Finkenschlag, schmettert ein emsiges Männchen bis zu fünfhunderttausendmal pro Frühjahr. Bei schönem Wetter ist er schon Ende Februar zu hören. Es gibt aus allen Regionen unzählige Merksprüche für diesen einprägsamen Gesang mit dem markanten Endschnörkel: etwa »Bin, bin, bin ich nicht ein schönerrrrr Buchfink« oder »Ich, ich, ich bin derrrr Unteroffiziiiiier«. Im Gegensatz zu vielen anderen Singvogelarten singt der Buchfink auch bei Niederschlag. Oft gibt er dann nur ein weniger motiviertes »trürr« oder »trüb« von sich, welches als Regenruf bezeichnet wird. Deshalb galt der Buchfink einst auch als Regenbote. Im Gegensatz zu fast allen anderen Arten aus der Familie der Finkenvögel ernährt er seine Jungen ausschließlich mit Insekten. Auch während der Sommermonate ist insektenreiche Kost seine Hauptnahrungsquelle. Da Insekten zeitlich jedoch nur begrenzt in großer Menge vorkommen und somit ein limitiertes Gut darstellen, ist er seinem Standort äußerst treu. Da die Männchen ihren Geburtsort also kaum verlassen und ihr Gesangsrepertoire an ihre Nachkommen weitergegeben wird, bilden sich so starke regionale Dialekte im Gesang heraus. Sein wissenschaftlicher Name »coelebs« bedeutet so viel wie der »Ehelose«, da man im Winter vorwiegend nur die männlichen Buchfinken alleine in unseren Gefilden beobachten kann. Die Weibchen ziehen hingegen meist in den Mittelmeerraum.

Größe
14 – 16 cm

Spannweite
25 – 28 cm

Gewicht
19 – 24 g

Fortpflanzungsperioden / Jahr
1 – 2

Nachkommen / Periode
2 – 6

Höchstalter
17 Jahre

Bundesweiter Gefährdungsgrad (Rote Liste)
nicht gefährdet

Volkstümlicher Name
Edelfink

Stimmenbeschreibung
schlagend, trillernd

Bambus, Holz, Kunststofftonne, Aluminium, Teppich, Wachs, Lack, 265 x 130 x 130 cm

Buntspecht

Dendrocopos major

Der Buntspecht ist mit Abstand unsere häufigste Spechtart. Was bei Singvögeln der Gesang, ist bei Spechten das Trommeln: Es dient der Reviermarkierung und der Partnersuche. Ein Buntspecht-Trommelwirbel besteht meist aus zehn bis fünfzehn Schlägen und dauert eine halbe bis eine ganze Sekunde. Bis zu zwölftausendmal hämmert ein fleißiger Specht täglich an resonanten Ästen. Es kommt aber auch vor, dass ein Specht eine Dachrinne oder einen Rollladen als »Megafon« missbraucht. Solche Haustrommler nennt man dann »Fassadenspechte«. Er bekommt dabei keine Kopfschmerzen, da sein Gehirn durch eine schwammartige Knochenstruktur des Schädels gut gepolstert ist und eine gelenkartige Verbindung zwischen Schnabel und Schädel Energie abfedert. Die »geparkte« Zunge windet sich vom Schnabel über den Nacken einmal um den ganzen Schädel, teilt sich zwischen den Augen und erstreckt sich bis hin zum Nasenloch. Da sie sehr elastisch ist, leitet sie ebenfalls viel Energie ab und fungiert beim Trommeln als eine Art Sicherheitsgurt für das Gehirn. Stabile Schwanzfedern stützen den Specht bei seinen Kletterpartien und er kann eine Zehe, die Wendezehe, für zusätzlichen Halt nach hinten klappen. Im Winter ernährt sich der Buntspecht, im Gegensatz zu allen anderen heimischen Spechtarten, hauptsächlich von Nadelbaumsamen. Dafür legt er sogenannte »Spechtschmieden« an: In gemeißelte Kuhlen eines Baumstammes klemmt er, der Größe nach passend, die Zapfen ein, um die Samen besser herauspicken zu können. Eine erstaunlich intelligente Leistung mit einem hohen Maß an Lernvermögen.

Größe
22 – 23 cm

Spannweite
34 – 39 cm

Gewicht
70 – 90 g

Fortpflanzungsperioden / Jahr
1

Nachkommen / Periode
5 – 7

Höchstalter
9 Jahre

Bundesweiter Gefährdungsgrad (Rote Liste)
nicht gefährdet

Volkstümlicher Name
Rotspecht

Stimmenbeschreibung
trommelnd, kickernd

Schuhe, Blumenkelle, Topflappen, Bürste, Lack, 44 x 46 x 14 cm

Drosselrohrsänger

Acrocephalus arundinaceus

Der Drosselrohrsänger ist der scratchende DJ unter den heimischen Singvögeln. Sein enorm lauter, quarrender und quiekender, hektischer Sound klingt wirklich, als würde er mit Schallplatten an einem Scratch-Contest teilnehmen. Deutlich voneinander abgesetzte tiefere Tonfolgen wechseln sich mit höheren ab. Die bekannte Redewendung »Schimpfen wie ein Rohrspatz« bezieht sich ursprünglich auf den Drosselrohrsänger und beschreibt sehr gut die enorme Intensität seines Gesangs. Gern führt er seine akustischen Darbietungen auch in der Nacht auf. Er ist ein typischer Bewohner von Schilfgürteln und hier dank seiner braunen Färbung bestens getarnt. Der Drosselrohrsänger ist mit Abstand unsere größte Rohrsängerart. Er erreicht beinahe die Größe einer Singdrossel, woher auch sein Name rührt. Artistisch turnt er durch das Röhricht und singt aus erhöhter Position an den Schilfhalmen sitzend. Sein kunstvolles Nest gleicht einem geflochtenen Körbchen, welches er mit großem Geschick zwischen den Halmen errichtet. Schon seine Jungen sind, lange bevor sie flügge werden, als wahre Kletterakrobaten turnend im Schilf unterwegs. Wie alle Rohrsängerarten wird auch sein Nest häufig von Kuckucken überfallen. Mit seinem großen drosselartigen Schnabel ist er jedoch äußerst wehrhaft und kann so manchen Trickbetrüger in die Flucht schlagen. Entdecken Drosselrohrsänger ein in ihrer Abwesenheit ins Nest gelegtes Kuckucksei, bauen sie häufig ein neues Nest auf das alte und begraben so das parasitierte Gelege. Drosselrohrsänger sind Langstreckenzieher, die den Winter im Süden Afrikas verbringen. Bei ihrem weiten Zug steigen sie auf bemerkenswerte Höhen von über sechstausend Metern auf.

Größe
19 – 20 cm

Spannweite
25 – 29 cm

Gewicht
25 – 37 g

Fortpflanzungsperioden / Jahr
1

Nachkommen / Periode
4 – 6

Höchstalter
10 Jahre

Bundesweiter Gefährdungsgrad (Rote Liste)
nicht gefährdet

Volkstümlicher Name
Rohrspatz

Stimmenbeschreibung
quarrend, scratchend

Aluschüssel, Fahrradlampe, Schere, Kneifzangen, Leder, Kochlöffel, 44 x 12 x 35 cm

Eichelhäher

Garrulus glandarius

Seinen Namen verdankt der bunteste Vertreter unserer Rabenvögel seiner Lieblingsspeise: Bis zu zehn Eicheln kann er gleichzeitig in seinem Kehlsack transportieren. Er sammelt aber auch Bucheckern und Haselnüsse, die er ab Herbst sorgfältig als Wintervorrat im Boden vergräbt. Bis zu fünftausend Baumfrüchte versteckt er so pro Jahr und findet sie selbst unter einer hohen Schneedecke wieder. Denn neben einem erstaunlichen Orientierungssinn verfügt der intelligente Rabenvogel auch über ein unglaubliches Gedächtnis mit der Fähigkeit zur Objektpermanenz – dem Vermögen zu wissen, dass etwas auch weiterhin existiert, wenn es sich außerhalb des Wahrnehmungsbereiches befindet. Selbst das grobe »Haltbarkeitsdatum« seiner Verstecke kann er sich merken. Allerdings übertreibt er es meist etwas mit der Vorratshaltung: Man nimmt an, dass ein Eichelhäher weniger als ein Fünftel seiner Verstecke in Anspruch nimmt. Da Eicheln kaum oberirdisch keimen können, sind diese in den Boden eingearbeiteten »Hähersaaten« ein extrem wichtiger Beitrag zur Verbreitung widerstandsfähiger Waldbäume. Auch die längliche Form der Eichel hat sich durch eine viele Tausend Jahre andauernde Koevolution mit dem »gefiederten Förster« erst entwickelt: Es setzte sich die Baumfrucht-Form durch, die optimal in den Schnabel und Schlund eines Eichelhähers passte. Sein »rätschender« Alarmruf wird auch von anderen Vogelarten um ihn herum verstanden, weshalb man ihn auch den »Wächter des Waldes« nennt. Man kann Eichelhäher auch hin und wieder dabei beobachten, wie sie mit gesträubtem Gefieder auf Waldameisenhügeln hocken und sich in Ameisensäure der alarmierten Bewohnerinnen »duschen«. Dieses »Einemsen« dient dazu, Bakterien, Pilze und Parasiten aus dem Gefieder zu vertreiben.

Größe
32 – 35 cm

Spannweite
52 – 58 cm

Gewicht
140 – 190 g

Fortpflanzungsperioden / Jahr
1

Nachkommen / Periode
4 – 7

Höchstalter
17 Jahre

Bundesweiter Gefährdungsgrad (Rote Liste)
nicht gefährdet

Volkstümlicher Name
Wächter des Waldes

Stimmenbeschreibung
rätschend, miauend

Kanister, Kokosmatte, Koffer, Gummistiefel, 145 x 160 x 40 cm

Feldgrille

Gryllus campestris

Feldgrillen sind bereits Ende April die ersten Heuschrecken, die man in unseren Wiesen musizieren hören kann. Männliche Feldgrillen graben im Frühjahr eine etwa zwanzig Zentimeter lange Wohnröhre in den Boden, dies bewerkstelligen sie mit kammartigen Vorrichtungen an ihren Hinterbeinen. Die Wohnröhren dienen ihnen auch als Schalltrichter: Den Kopf häufig einwärts der Höhle gerichtet, streicht das Männchen seine Vorderflügel übereinander, um Weibchen anzulocken. Eine Schrillleiste mit vielen lamellenförmigen Zähnchen unter dem rechten Flügel schrappt dabei über eine Schrillkante auf der Oberseite des linken Flügels. Vergleichbar ist dies mit einer Geige, bei der der Bogen über die gespannten Saiten gestrichen wird. Zwei linsenförmige Fenster in den Flügeln dienen als Schallmembranen und verstärken den Gesang. Gleichzeitig werden die Flügel leicht abgespreizt, wodurch ein resonanter Schalltrichter entsteht. So erzeugt das gerade mal zweieinhalb Zentimeter kleine Tier Sounds von über neunzig Dezibel und gehört damit, proportional zur Körpergröße, zu den zwanzig lautesten Tieren der Welt. Bis zu zweihundert Meter weit sind die Gesänge der Feldgrillen hörbar. Die Flügel werden nur zum Musizieren benutzt, fliegen können die Grillen nicht. Die schlitzförmigen Hörorgane der Tiere befinden sich in den Schienen der Vorderbeine, die auch mit bloßem Auge für uns gut erkennbar sind. Hat eine weibliche Feldgrille ein Männchen erhört, kommt es zur Paarung: Das Weibchen besteigt das Männchen, welches seinen Hinterkörper nach oben biegt und seine Spermienträger übergibt. Die befruchteten Eier vergräbt das Weibchen nach ein paar Tagen mit ihrem Legebohrer im Boden. Die Larven schlüpfen nach zwei Wochen, überwintern dann wieder eingegraben, häuten sich im April des nächsten Jahres ein zehntes oder gar elftes Mal und werden dann geschlechtsreif.

Größe
1,8 – 2,7 cm

Spannweite
flugunfähig

Gewicht
0,7 – 1,5 g

Fortpflanzungsperioden / Jahr
1

Nachkommen / Periode
700 – 1 000

Höchstalter
3 Monate (Imago)

Bundesweiter Gefährdungsgrad (Rote Liste)
nicht gefährdet

Volkstümlicher Name
Zirpe

Stimmenbeschreibung
zirpend, stridulierend

Schlittschuh, Backform, Ohrschützer, Topfgriffe, 30 x 30 x 50 cm

Feldlerche

Alauda arvensis

Das ewige Lied der Feldlerche ist eines der bewegendsten heimischen Naturphänomene. Bereits ab Februar können wir ihre so fröhlich anmutenden Lieder genießen. Sie gilt somit als eine der ersten Frühjahrsbotinnen. Als Wiesenbrüter fehlen in der offenen Landschaft Ansitzwarten, was aber kein Problem für ein properes Feldlerchen-Männchen darstellt: Es steigt bis zu einhundert Meter weit auf, bis es nur noch als kleiner schwarzer Punkt am Himmel zu erkennen ist, und trällert, tiriliert, schnattert und zirpt inbrünstig mit voller Leibeskraft. Man nennt die Feldlerche deshalb im Volksmund auch »Himmelslerche« oder »Minnesängerin der Lüfte«. Sieben gefüllte Luftsäcke dienen ihr bei diesen Singflügen wie bei einem Dudelsack als Gesangsressource. So kann sie gleichzeitig atmen und singen. Bis zu zehn Minuten lang kann so eine Arie andauern, die der Abgrenzung von Revieren und der Attraktion von weiblichen Lerchen dient. Das Schauspiel der Feldlerche endet jedoch abrupt: Wie ein Stein lässt sie sich nach Beendigung des Gesangs gen Boden sinken. Um ihr Bodennest nicht durch ihren Landepunkt preiszugeben, lassen sich Feldlerchen immer mehrere Meter neben dem Nest nieder und rennen den Rest geduckt durch die Vegetation. Damit die Jungvögel auf dem Boden nicht auffallen, besitzen sie eine büschelartige Kopfbefiederung, die an Grashalme erinnert. Wenn sie so regungslos im Nest liegen, sind sie quasi unsichtbar. Erst auf einen Ruf der Eltern hin sperren sie die Schnäbel auf. Das frohlockende Lied der Feldlerche ist leider immer seltener zu hören: Vor allem die intensivierte Landwirtschaft mit zu dicht stehendem Wintergetreide zur Brutzeit und Mahden bis zu sechsmal im Jahr führte seit den 1970er-Jahren trotz weiter Verbreitung zu einem dramatischen Bestandsrückgang von zum Teil fünfzig bis neunzig Prozent.

Größe
18 – 19 cm

Spannweite
30 – 36 cm

Gewicht
33 – 45 g

Fortpflanzungsperioden / Jahr
2

Nachkommen / Periode
3 – 5

Höchstalter
10 Jahre

Bundesweiter Gefährdungsgrad (Rote Liste)
gefährdet

Volkstümlicher Name
Himmelslerche

Stimmenbeschreibung
tirilierend, dudelnd

Schuh, Blechschere, Alubecher, Lederhandschuhe, 60 x 25 x 45 cm

Fitis & Zilpzalp

Phylloscopus trochilus & Phylloscopus collybita

Manche Vogelarten sehen sich so zum Verwechseln ähnlich, dass man sie als Zwillingsarten bezeichnet. Die beiden Laubsängerarten Fitis und Zilpzalp sind dafür ein wunderbares Beispiel. Äußerlich sind sie kaum zu unterscheiden. Die Beine des Zilpzalps sind vielleicht etwas dunkler und der Überaugenstreif des Fitis etwas deutlicher ausgeprägt, doch die Merkmale können individuell stark variieren und im Eifer der Vogelbeobachtung in freier Natur sind dies keine verlässlichen Indizien. Um sich deutlich voneinander abzugrenzen, besitzen sie jedoch ihren Gesang, der bei beiden Arten sehr unterschiedlich ist: Der Fitis singt eine weiche, wehmütige Pfeifstrophe, die am Ende hin abfällt und gut mit dem Bild eines heruntersegelnden Blattes beschrieben werden kann. Der Gesang des Zilpzalps ist hingegen ein monotones, rhythmisch vorgetragenes »zilp-zalpzelp-zilp-zalp«, welchem er seinen Namen verdankt. Auch im Englischen heißt er lautmalerisch »chiffchaff«, auf Niederländisch »Tjiftjaf«, auf Finnisch »Tiltaltti«. Der Gesang erinnert etwas an klimpernde Münzen, die man beim raschen Sortieren auf unterschiedliche Haufen wirft. Von dieser Vorstellung leitet sich sein wissenschaftlicher Name ab: »Collybita« stammt aus dem Griechischen und bedeutet so viel wie »Geldwechsler«. Während der Zilpzalp im Winter nur bis nach Südeuropa zieht, fliegt der Fitis bis nach Zentralafrika. Je nach Brutgebiet legt er so pro Strecke sechs- bis elftausend kräftezehrende Kilometer zurück. Dabei muss er auch den zweitausend Kilometer breiten Saharagürtel nonstop überfliegen, verliert mehr als ein Drittel seines Körpergewichtes und verzehrt sogar bis zu dreißig Prozent seiner Organe.

Größe
11 – 12 cm / 10 – 12 cm

Spannweite
17 – 22 cm / 15 – 21 cm

Gewicht
8 – 10 g / 6 – 9 g

Fortpflanzungsperioden / Jahr
1 / 1 – 2

Nachkommen / Periode
beide 4 – 7

Höchstalter
12 Jahre / 8 Jahre

Bundesweiter Gefährdungsgrad (Rote Liste)
beide nicht gefährdet

Volkstümlicher Name
Fitislaubsänger / Weidenlaubsänger

Stimmenbeschreibung
abfallend, flötend / stammelnd, wiederholend

Schusterleisten, Fahrradlampen, Schuhleder, Scheren, je 30 x 12 x 35 cm

Gelb- & Rotbauchunke

Bombina variegata & Bombina bombina

Unken zählen zu der Unterordnung der »urtümlichen« Froschlurche. Die kleinen Amphibien mit den markanten herzförmigen Pupillen existieren schon seit etwa fünf Millionen Jahren. Die Art und Weise, mit der männliche Gelbbauchunken ihre Paarungsrufe erzeugen, unterscheidet sich sehr von der »moderner« Amphibien: Sie besitzen keine Schallblase; stattdessen dienen ihre Lungen als Schallinstrument und der Ruf entsteht beim Einatmen und nicht beim Ausatmen wie bei anderen Lurchen. Die Rotbauchunke hat einen lauteren und bassigeren Sound als die Gelbbauchunke, da sie ihren Körper vor dem Konzert regelrecht aufpumpt und durch zusätzliche innere Kehlblasen Luft in die Lungen presst. Charakteristisch ist die namensstiftende gelbe beziehungsweise rot gefärbte Unterseite der Unken, die als Warntracht dient. Bei Bedrohung zeigen sie den sogenannten »Unkenreflex«, drücken ihren Rücken zu einem extremen Holzkreuz durch, verdrehen ihre Gliedmaßen und präsentieren dem Angreifer so die leuchtende Färbung. Über Drüsen sondern sie zudem ein stark abwehrendes Hautsekret ab, das etwa unsere Atemwege reizt und einen sogenannten »Unkenschnupfen« hervorrufen kann. Gelbbauchunken benötigen für ihre Jungenaufzucht Pioniergewässer wie Pfützen oder Tümpel ohne Fressfeinde wie Libellenlarven oder Fische, in die sie über das Jahr verteilt in drei Perioden jeweils durchschnittlich vierzig Eier ablegen. Damit die Jungen gute Startmöglichkeiten beim Wettrennen gegen die Austrocknung der Kleingewässer haben, sind ergiebige Regengüsse die Initialzündung für die Eiablage. Rotbauchunken besiedeln größere Gewässer, legen zum Ausgleich aber dreimal so viele Eier. Zudem sind ihre Kaulquappen dank größerem Flossensaum agiler und können Fressfeinden besser ausweichen.

Größe
4 – 6 cm / 4 – 5,5 cm

Spannweite
–

Gewicht
beide 4 – 12 g

Fortpflanzungsperioden / Jahr
beide 3

Nachkommen / Periode
ø 40 / ø 120

Höchstalter
beide 30 Jahre

Bundesweiter Gefährdungsgrad (Rote Liste)
beide stark gefährdet

Volkstümlicher Name
Bergunke / Tieflandunke

Stimmenbeschreibung
tutend, klagend

Fahrradsattel, Lampenschirme, Alugabeln, Perlen, je 14 x 20 x 25 cm

Gelbspötter

Hippolais icterina

Der Name des Gelbspötters beschreibt die beiden markantesten Eigenschaften dieser Singvogelart: die gelbliche Unterseite seines Gefieders und seinen auffälligen Gesang. Der Gelbspötter ist ein Meister im Nachahmen anderer Vogelstimmen, wie etwa Meisen, Drosseln, Schwalben oder Pirol. Dieses Verhalten wird in der Ornithologie als Spotten bezeichnet. Man mag beim ersten Zuhören kaum glauben, dass all diese unterschiedlichen Klänge von ein und demselben Vogel stammen. Umgangssprachlich wurde der Gelbspötter wegen seiner Imitierfreudigkeit in früheren Zeiten auch »Bastardnachtigall« genannt. Der laute und durchdringende Gesang des Männchens, der mitunter auch in naturnahen Gärten zu vernehmen ist, erfindet sich immer wieder neu, weshalb man den Gelbspötter volkstümlich einst auch entnervt als »Schreihals« titulierte. Vor hundert Jahren war er noch deutlich häufiger bei uns verbreitet und gar eine Charakterart von Gärten, worauf noch seine alte Bezeichnung »Gartenspötter« schließen lässt. Hastig wechselt er seine Singwarten und trällert unermüdlich fast den ganzen Tag lang sein abwechslungsreiches, lebhaftes Lied. Denn als Langstreckenzieher, der den Winter im Süden Afrikas verbringt, hat er keine Zeit zu verlieren. Gerade einmal drei bis vier Monate verbringt er im Schnitt hier in seinem Brutgebiet. Sein Nest baut er im tiefsten Dickicht von Bäumen oder Büschen. Durch das Einarbeiten von Rindenstücken in die Außenwand ist es bestens getarnt. Früher rätselte man, wo er denn brüten würde, sein Neststandort galt lange als unbekannt. Sein Gattungsname »Hippolais« ist noch ein Relikt aus dieser Zeit: Er leitet sich von den altgriechischen Wörtern »hupo« für »unter« und »laas« für »Stein« ab, da man kurzerhand vermutete, der Spötter würde seine Nester unter Steinen verstecken.

Größe
13 – 14 cm

Spannweite
21 – 24 cm

Gewicht
12 – 22 g

Fortpflanzungsperioden / Jahr
1

Nachkommen / Periode
4 – 5

Höchstalter
11 Jahre

Bundesweiter Gefährdungsgrad (Rote Liste)
nicht gefährdet

Volkstümlicher Name
Bastardnachtigall

Stimmenbeschreibung
schwatzend, imitierend

Gießkanne, Ledersattel, Bürste, Reißverschluss, Schere, 30 x 12 x 22 cm

Gemeine Geburtshelferkröte

Alytes obstetricans

Diese seltene Amphibie mit den markanten schlitzförmigen Pupillen gibt nach dem Einbruch der Dämmerung hell klingende, glockenartige Sounds von sich, weshalb man sie im Volksmund auch »Glockenfrosch« nennt. Der kurze Ruf ist ein fast reiner Sinus-Ton und jedes Individuum besitzt seine eigene Tonlage, auf der es »funkt«. Im Gegensatz zu vielen anderen Froschlurchen geben auch weibliche Geburtshelferkröten einen Paarungsruf von sich, der jedoch nur in etwa halb so laut wie der der männlichen Kröte ist. Hat ein paarungsbereites Weibchen die flötenartigen Balzrufe eines Männchens geortet, erwidert sie diese, sobald sie sich ihm genähert hat. So finden die beiden auch in der Dunkelheit der Nacht im Ortungsduett zueinander. Die namensstiftende Besonderheit dieser Art ist ihre bemerkenswerte Fortpflanzungsmethode. Denn die weiblichen Geburtshelferkröten legen ihren Laich nicht wie andere Kröten in einem Gewässer ab. Stattdessen übernehmen gegen Ende der Paarung, die auch an Land stattfindet, die Männchen die frisch abgelegten knäuelförmigen Eischnüre – sie zwängen ihre Hinterbeine durch die Laichknäuel und befestigen sie auf diese Weise an ihrem Körper. So tragen die fürsorglichen Väter Dutzende Eier über einen Monat lang mit sich, bis die Kaulquappen reif zum Schlüpfen sind. Diese werden dann erst in stehenden Gewässern abgegeben, wo sie dank der hervorragenden Brutvorsorge nur noch wenige Wochen Entwicklungszeit benötigen. Zudem sind die Larven größer und weiter entwickelt als die anderer Arten, wodurch sie eine höhere Überlebenswahrscheinlichkeit haben. Weibliche Geburtshelferkröten verteilen ihren zur Verfügung stehenden Laich auf mehrere Männchen. So können sie sich bis zu viermal pro Jahr fortpflanzen.

Größe
3,1 – 5,5 cm

Spannweite
–

Gewicht
4 – 12 g

Fortpflanzungsperioden / Jahr
2 – 4

Nachkommen / Periode
20 – 80

Höchstalter
8 Jahre

Bundesweiter Gefährdungsgrad (Rote Liste)
stark gefährdet

Volkstümlicher Name
Glockenfrosch

Stimmenbeschreibung
glasglockenhaft klingend

Fahrradsattel, Glasmurmeln, Seil, Gabeln, 9 x 23 x 33 cm

Goldammer

Emberiza citrinella

Die Goldammer ist mit Abstand unsere häufigste Vogelart aus der Familie der Ammern. Sie profitierte als Bewohnerin offener Landschaften zunächst enorm von der allgegenwärtigen Landnutzung durch uns Menschen. Ihren leicht metallisch anmutenden Gesang tragen männliche Goldammern gerne von erhöhten Singwarten wie Baumkronen oder Gebüschspitzen vor. Er ist in unseren Breiten einer der prägnantesten Vogelgesänge der Feldflur. Ein Goldammerlied besteht aus einer schnellen Abfolge kurzer, hämmernder Töne, die in einem lang gezogenen Element endet. Man nennt die Vögel in manchen Regionen darum auch »Hämmerling« und im Englischen heißen sie »yellowhammer«. Ihren markanten Gesang kann man sich ganz wunderbar durch folgenden Merkspruch einprägen: »Wie-wie-wie hab ich die liiiieb«. Man erkennt das Motiv vielleicht auch aus Beethovens weltberühmter 5. Symphonie wieder. Goldammern gelten als äußerst gesangsfreudig: Schon Ende Februar schmettern die paarungswilligen Männchen inbrünstig ihr Lied. Selbst während praller Mittagshitze, bei der die meisten Vogelarten lieber Siesta halten, trällern sie unumstößlich ihren prägnanten Song. Ihr wissenschaftlicher Name »citrinella« bedeutet zitronengelb, denn die männlichen Goldammern weisen im Prachtkleid eine herrlich leuchtend-gelbe Kopf- und Brustfärbung auf. Einige Goldammern verlassen im Winter unsere Gefilde für einen Kurzstreckenzug gen Süden, andere bleiben und weitere aus nördlicheren Regionen überwintern wiederum bei uns. So ist die Goldammer, häufig in kleineren Trupps, ein regelmäßig zu beobachtender Vogel am winterlichen Futterhaus. Man nennt sie deshalb im Volksmund auch »Winterlerche« oder regional »Schneegitz«.

Größe
16 – 17 cm

Spannweite
23 – 29 cm

Gewicht
24 – 30 g

Fortpflanzungsperioden / Jahr
2

Nachkommen / Periode
3 – 5

Höchstalter
13 Jahre

Bundesweiter Gefährdungsgrad (Rote Liste)
nicht gefährdet

Volkstümlicher Name
Schneegitz

Stimmenbeschreibung
schmetternd, hämmernd

Gummistiefel, Blechschere, Schuhleder, Boje, 35 x 12 x 50 cm

Goldregenpfeifer

Pluvialis apricaria

Der Goldregenpfeifer ist eine besonders charakteristische, ja fast schon aristokratisch anmutende Erscheinung. Kein Wunder, dass er in vielen Ländern derart vergöttert und angehimmelt wird. In Island gilt er etwa als Frühlingsbote. Einst bewohnte »Goldi« auch bei uns Moore und Sumpflandschaften. Aufgrund von Trockenlegungen verschwand jedoch sein Lebensraum mehr und mehr. Mittlerweile ist er als Brutvogel in Deutschland ausgestorben und man kann seine Schönheit hierzulande nur noch als Durchzügler von seinen Überwinterungsquartieren in seine Brutgebiete im hohen Norden und andersherum bewundern. Seine Stimme ist ein auf uns traurig wirkender, eintöniger Ruf, den männliche Goldregenpfeifer im Frühjahr in spektakulären Singflügen kundtun. Diesem flötenden oder auch tutenden Sound verdankt er viele umgangssprachliche lautmalerische Namen wie etwa »Tüte« oder auch »Flöter«. Als Bodenbrüter ist er mit seinem fein marmorierten Gefieder bestens getarnt. Nähert sich ein möglicher Fressfeind dennoch zu sehr dem Nest, gibt der brütende Elternvogel alles: Wie bei einem »Fang-mich-Spiel« leitet der Regenpfeifer den Eindringling durch demonstratives Anhalten und dann doch wieder abruptes Wegrennen vom Nest weg. Übrigens: Die Geburt des weltbekannten Guiness Buchs der Rekorde fing mit dem Goldregenpfeifer an. Der Jäger Sir Hugh Beaver, Geschäftsführer der Guinness-Brauerei, fragte sich nach einer missglückten Jagd auf ihn, ob der Goldregenpfeifer eigentlich der schnellste europäische Vogel sei. Als er in keinem Nachschlagewerk darüber Informationen finden konnte, kam ihm die Idee mit dem Rekordebuch.

Größe
26 – 29 cm

Spannweite
53 – 59 cm

Gewicht
140 – 210 g

Fortpflanzungsperioden / Jahr
1

Nachkommen / Periode
4

Höchstalter
18 Jahre

Bundesweiter Gefährdungsgrad (Rote Liste)
ausgestorben

Volkstümlicher Name
Tüte

Stimmenbeschreibung
flötend, tutend

Wärmflasche, Küchenreibe, Stiefel, Maurerhammer, 60 x 20 x 45 cm

Große Hufeisennase

Rhinolophus ferrumequinum

Die Große Hufeisennase verdankt ihren Namen ihrem auffälligen hufeisenförmigen Hautlappen um die Nase. Neben der Großen Hufeisennase gibt es auch noch die Kleine Hufeisennase in unseren Gefilden. Interessanterweise sind Hufeisennasen genetisch näher mit Flughunden verwandt als mit den anderen Fledermausarten. Hufeisennasen sind sogenannte Wartenjäger. Bei Dunkelheit verlassen sie ihr Tagesquartier und hängen sich oft kopfüber an Äste. Von hier aus senden sie extrem hochfrequente gleichmäßige Echoortungsrufe aus; bis zu vierhunderttausendmal pro Nacht. Dies geschieht nicht wie bei den anderen dreiundzwanzig heimischen Fledermausarten über den Mund, sondern über ihre markante Nase. Die Nasenaufsätze fungieren dabei als punktförmige Richtstrahler, die schwenkbaren Ohrmuscheln als Richtempfänger. Erst wenn sie einen konkreten Flügelschlag orten, beginnen sie, das vorbeifliegende Insekt, mit Vorliebe lohnenswerte Großinsekten wie Maikäfer etwa, zu verfolgen. Dabei setzen sie meist ihre breiten Flügel im Rüttelflug geschickt als Fangkescher ein. Eine äußerst energieschonende Jagdmethode. Bei der Großen Hufeisennase paaren sich alle Weibchen und deren weibliche Nachkommen einer Familie jedes Jahr mit ein und demselben Männchen. Dieses Fortpflanzungsmodell innerhalb der Abstammungslinie bietet den Vorteil des erhöhten Verwandtschaftsgrades, ohne jedoch Inzucht zu fördern. Hufeisennasen können mehr als dreißig Jahre alt werden. Vergleicht man dies mit Maus oder Hamster, die eine ähnliche Größe haben, ist das enorme Alter wirklich erstaunlich und zeigt, wie effizient die Lebensweise dieser Tiere ist. In Deutschland gibt es jedoch sage und schreibe nur noch eine einzige Wochenstubenkolonie der Großen Hufeisennase, die sich in der Oberpfalz befindet. Alle anderen sind verschwunden.

Größe
5,6 – 7,1 cm

Spannweite
35 – 40 cm

Gewicht
17 – 34 g

Fortpflanzungsperioden / Jahr
1

Nachkommen / Periode
1

Höchstalter
31 Jahre

Bundesweiter Gefährdungsgrad (Rote Liste)
vom Aussterben bedroht

Volkstümlicher Name
Hufi

Stimmenbeschreibung
flötend, gleichbleibend

Kehrblech, Schusterleisten, Grillgabeln, Maulschlüssel, 45 x 12 x 15 cm

Großer Abendsegler

Nyctalus noctula

Wie sein Name schon verrät, jagt der Große Abendsegler bereits in der frühen Abenddämmerung. Mit einer Spannweite von etwa vierzig Zentimetern ist er, neben dem Großen Mausohr, die größte heimische Fledermausart. Mit seinen schmalen, spitzen Flügeln und dem kurzen, eng anliegenden Fell ist sein Körper aerodynamisch optimal an das Jagen in der Luft angepasst. Bei seinen nächtlichen Beutezügen erreicht er mühelos Geschwindigkeiten von sechzig bis siebzig Stundenkilometern. Mit diesem Speed ist er ein optimaler Jäger des freien Luftraumes, der meist über dem Kronendach von Wäldern, über Gewässern oder Wiesen umherstreift. Um bei diesen Geschwindigkeiten vorausschauend agieren zu können, braucht sein Echoortungssystem einen sehr hohen Schalldruck. Die über den Mund ausgestoßenen Schallwellen eines Großen Abendseglers haben eine enorme Reichweite von einhundertfünfzig Metern. Dabei wird eine Lautstärke von über einhundertzwanzig Dezibel erreicht, was in etwa der eines Presslufthammers entspricht. Zum Glück spielt sich das Ganze im Ultraschallbereich ab, also oberhalb der menschlichen Wahrnehmungsfähigkeit. Das Ortungssystem mancher Fledermäuse arbeitet so genau, dass es sogar Objekte erkennen kann, die kleiner als ein Zehntel Millimeter sind; dünner als ein Haar. Die Abendsegler-Sounds klingen ein bisschen nach einem springenden Flummi oder einem Tischtennis-Match: ein rhythmisches »Plipp-plopp«. Im Gegensatz zu den Echoortungsrufen, die wir nicht wahrnehmen können, sind viele Soziallaute von Fledermäusen durchaus für uns hörbar. Bei den Abendseglern kann man etwa im Herbst trillernde Balzrufe vernehmen, die auch von einem Singvogel stammen könnten. Die Männchen locken damit Weibchen in ihre »Balzhöhlen«, die sich in alten Bäumen befinden. Teilweise versperren sie gar den Ausgang und halten sich so über mehrere Tage einen Harem.

Größe
6,9 – 8,2 cm

Spannweite
34 – 40 cm

Gewicht
19 – 42 g

Fortpflanzungsperioden / Jahr
1

Nachkommen / Periode
1 – 3

Höchstalter
12 Jahre

Bundesweiter Gefährdungsgrad (Rote Liste)
Vorwarnliste

Volkstümlicher Name
–

Stimmenbeschreibung
schmatzend, hüpfend

Radkappe, Fahrradblech, Kupferkrug, Leder, 15 x 85 x 50 cm

Großer Brachvogel

Numenius arquata

Der Brachvogel ist unsere größte Watvogelart, man kann ihn vor allem im Winter gut an unseren Küsten beobachten. Der bis zu neunzehn Zentimeter lange und stark nach unten gekrümmte Schnabel sticht dabei unmittelbar ins Auge und kann knapp ein Drittel der Gesamtlänge des Schnepfenvogels ausmachen. Er erreicht gar die Länge eines kleinen Storchenschnabels. Der Schnabel ist ein ideales Werkzeug, um Schnecken, Insekten und Würmer vom Boden aufzulesen oder in Erdlöchern aufzustöbern. Dazu ist das Vorderteil des Schnabels elastisch wie Gummi und kann sich optimal den Windungen der Tunnelsysteme anpassen. Gleichzeitig befinden sich an seiner Spitze viele Nervenfasern, dank denen der Brachvogel seine Beute im Boden mit einem fantastischen Tastsinn sondieren kann. Außerdem ist dieses Multifunktionswerkzeug eine hervorragende Pinzette, um Schnecken und Muscheln aus ihren Schalen herauszuziehen. Auch sein wissenschaftlicher Artname »arquata« leitet sich von seiner besonderen Schnabelform ab und bedeutet so viel wie »bogenförmig«. Jungvögel haben nach dem Schlüpfen übrigens noch einen kurzen, geraden Schnabel. Sein Ruf ist ein herrlich wehmütiges »kur li«, welches dem Vogel seinen lautmalerischen englischsprachigen Namen verdankt: »curlew«. Schon der berühmte Komponist Olivier Messiaen hat sich von dieser melancholischen Magie verzaubern lassen und sie in seinem Klavierzyklus »Catalogue d'oiseaux« wunderbar übersetzt. Im Frühling markieren männliche Brachvögel mit trillernden, flötenden Strophen im Singflug ihre Brutreviere in Mooren und Feuchtgebieten. Ein bis ins Mark bewegender Sound erfüllt dann die Lüfte über den Wiesen. Eine Wunderwelt, die jedoch mit galoppierendem Tempo schwindet.

Größe
50 – 60 cm

Spannweite
89 – 106 cm

Gewicht
575 – 950 g

Fortpflanzungsperioden / Jahr
1

Nachkommen / Periode
3 – 5

Höchstalter
31 Jahre

Bundesweiter Gefährdungsgrad (Rote Liste)
vom Aussterben bedroht

Volkstümlicher Name
Kronschnepfe

Stimmenbeschreibung
flötend, trillernd

Mandoline, Fahrradblech, Textil, Kartoffelhacken, 165 x 35 x 80 cm

Grünes Heupferd

Tettigonia viridissima

Ihren Namen verdankt diese Heuschreckenart der Tatsache, dass ihr Kopf dem eines Pferdes ähnelt. Das Grüne Heupferd ist mit einer reinen Körperlänge von bis zu vier Zentimetern und einer Spannweite von zehn Zentimetern unsere größte Heuschreckenart. Sie zählt zur Unterordnung der Langfühlerschrecken, was man ohne jeden Zweifel an den etwa fünf Zentimeter langen Fühlern erkennen kann. Weibliche Heupferde lassen sich anhand der etwa zusätzlich drei Zentimeter langen Legeröhre identifizieren. Mit ihr bohren sie ein Loch in den Boden und legen dann im Schnitt dreihundert Eier einzeln ab. Dort überwintern die Eier bis zum nächsten Frühling. Sie können aber auch mehrere Jahre bis zu ihrer Entwicklung überdauern und sogar eine Austrocknung überstehen. Die Entwicklung der Larven kann so bis zu fünf Jahre dauern. Ab dem Spätsommer bis in den November hinein kann man auf Wiesen hundert Meter weit die Stridulationslaute der Männchen hören. Vom späten Nachmittag bis in die tiefe Nacht nehmen sie exponierte Singwarten ein, bis hin zu Baumwipfeln, um sich gegenseitig zu überbieten. Sie erzeugen die schwirrenden Sounds, indem sie ihre Flügel rasch gegeneinander bewegen. Eine gezahnte Schrillleiste unter dem linken Flügel wird über eine Schrillkante des rechten Flügels gerieben. Verstärkt wird der Ton über einen spiegelartigen Resonanzkörper innerhalb des Flügels. Ein anhaltendes »Rattern« entsteht, vergleichbar mit dem gleichmäßigen Geräusch eines Rasensprengers oder eines Fahrradleerlaufs. Die Hörorgane der Heupferde befinden sich in den Schienen der Vorderbeine. Zudem besitzen sie dort auch ein Organ, das bereits kleinste Erschütterungen wahrnimmt und so vor Fressfeinden warnt.

Größe
2,6 – 4,2 cm

Spannweite
7 – 10 cm

Gewicht
3 – 5 g

Fortpflanzungsperioden / Jahr
1

Nachkommen / Periode
200 – 400

Höchstalter
5 Jahre

Bundesweiter Gefährdungsgrad (Rote Liste)
nicht gefährdet

Volkstümlicher Name
Großes Heupferd

Stimmenbeschreibung
ratternd, schwirrend

Plastikflasche, Knieschoner, Zollstock, Besteck, 20 x 15 x 70 cm

Hausmaus

Mus musculus

Bevor sich die Hausmaus als erfolgreicher Kulturfolger des Menschen etablierte, lebte sie hauptsächlich in den Steppen Asiens. Etwa 4.000 vor Christus kam sie mit frühen Bauern auch in Mitteleuropa an. Mit dem Anschluss an uns Menschen konnte sie sich, etwa als blinder Passagier auf Schiffen, auf der ganzen Welt ausbreiten. Hausmäuse sind sehr soziale Tiere und können in Verbänden von bis zu fünfzig Tieren leben. Bis zu vierzig Prozent der Weibchen gebären ihre Jungen mit einer »besten Freundin« zeitgleich in einem gemeinsamen Nest, säugen die Jungen beider Würfe gleichermaßen. Eine Kooperation, die Vorteile für beide Mütter bietet: gemeinsame Nestwärme, Schutz vor Feinden und Aufteilung der körperlichen Belastung für die Milchproduktion. Bis zu zehn Würfe pro Jahr kann ein Weibchen vollbringen. Hausmäuse besitzen ein hochkomplexes Kommunikationssystem aus Urinduftstoffen. Damit verteidigen sie Reviere und erkennen Verwandte. Ranghohe Weibchen können bei hoher Populationsdichte mit Botenstoffen im Urin sogar die Fruchtbarkeit anderer Weibchen unterdrücken. Umgekehrt kann der Duft eines neuen Männchens die Geschlechtsreife eines Weibchens bis zu sechs Tage früher einsetzen lassen. Seine Botenstoffe im Urin können gar verhindern, dass ein Weibchen, welches sich erst kürzlich gepaart hat, trächtig wird. Doch auch mit ausgereiften Gesängen werben männliche Hausmäuse, einem Singvogel gleich, um die Gunst der Weibchen. Sie bleiben unseren Ohren allerdings verborgen, denn sie spielen sich im Ultraschallbereich ab. Genau wie bei den Vögeln gilt: Je komplexer die Gesänge, desto attraktiver sind sie für die Weibchen. Denn je fitter der potenzielle Vater ist, desto abwechslungsreicher ist sein Lied. Weibliche Mäuse sind sogar in der Lage, den Gesang von Geschwistern von dem nicht verwandter Artgenossen zu unterscheiden, und schützen sich so vor Inzucht.

Größe
7 – 11 cm

Spannweite
–

Gewicht
20 – 30 g

Fortpflanzungsperioden / Jahr
4 – 10

Nachkommen / Periode
4 – 8

Höchstalter
3 Jahre

Bundesweiter Gefährdungsgrad (Rote Liste)
nicht gefährdet

Volkstümlicher Name
–

Stimmenbeschreibung
fiepsend, zwitschernd

Sauciere, Teelöffel, Polsternägel, Holz, 10 x 10 x 20 cm

Haussperling

Passer domesticus

Den Haussperling nennen die meisten von uns einfach liebevoll Spatz. Das Wort Sperling wie auch seine Koseform Spatz leiten sich vom althochdeutschen »sparo« ab und bedeuten so viel wie »zappeln«, da sein emsiges Verhalten und sein beidbeiniges Umherhüpfen auf uns unruhig wirken. Auch sein englischer Name »sparrow« leitet sich von seinem quirligen Auftreten ab. Wie kaum ein anderer Vogel ist diese gesellige und geschwätzige Art mit dem markanten »Tschilpen« an das Leben der Menschen angepasst. Schon vor über zehntausend Jahren hat er sich uns als einer der ersten Kulturfolger angeschlossen. Seine Häufigkeit und geringe Scheu dürfte auch der Grund sein, warum es zu kaum einer anderen Vogelart mehr Redewendungen gibt als zu ihm; die jedoch alle recht unterschiedlich konnotiert sind: »Mein Goldspatz«, »Lieber den Spatz in der Hand als die Taube auf dem Dach«, »mit Kanonen auf Spatzen schießen«, »Die Spatzen pfeifen es von den Dächern« oder aber »ein Spatzenhirn haben«. Spatzen sind sehr reinliche Vögel, die mehrmals am Tag baden oder gerne auch mal ein Staubbad nehmen. Diese Eigenart hat ihnen den irreführenden Namen »Dreckspatz« eingebracht. Selbst das Wort Spätzle leitet sich von dem Vogel ab: Es ist die schwäbische Verkleinerungsform von Spatz, da die Teigwaren wohl in ihrer Form mit der der Spatzen verglichen wurden. Früher galten die einst deutlich zahlreicher vorkommenden Haussperlinge irrtümlicherweise als Schädlinge und Schmarotzer; er war als »Korndieb« verschrien. Im 18. Jahrhundert noch mussten die Bewohner einiger Landkreise pro Jahr gar zwanzig tote Spatzen als »Spatzensteuer« abtreten.

Größe
14 – 15 cm

Spannweite
21 – 25 cm

Gewicht
22 – 32 g

Fortpflanzungsperioden / Jahr
2 – 3

Nachkommen / Periode
3 – 7

Höchstalter
12 Jahre

Bundesweiter Gefährdungsgrad (Rote Liste)
nicht gefährdet

Volkstümlicher Name
Spatz

Stimmenbeschreibung
tschilpend, schwatzend

Alubleche, Lederschuh, Gartenschere, Kirschkerne, 25 x 12 x 40 cm

Kiebitz

Vanellus vanellus

Der Kiebitz verdankt seinen Namen den lauten »Kiju-wit«-Rufen. Sein wissenschaftlicher Name »vanellus« bedeutet so viel wie »kleiner Fächer«, benannt nach seinen breiten, fächerförmigen Flügeln, mit denen er ungeheuer artistische Balzflüge ausübt. Aufgrund seines wahnwitzigen, schaukelnden Flugstils nennt man den Kiebitz auch den »Gaukler der Lüfte«. Sein Gefieder glänzt je nach Lichteinfall herrlich grün oder violett metallisch. Die markante Federhaube, auch Holle genannt, ist eine raffinierte Täuschung: Während der Kiebitz nach Nahrung sucht, wirkt sie von Weitem wie sein Schnabel und signalisiert potenziellen Angreifern ein hohes Maß an Abwehrbereitschaft - auch wenn er gerade mit ganz anderen Dingen beschäftigt ist. Der Kiebitz ist ein Bodenbrüter, seine Eier sind grünlich-braun gefärbt und gesprenkelt, sodass man sie kaum vom Untergrund unterscheiden kann. Nähert sich dennoch ein Fressfeind dem Nest eines Kiebitzes, täuscht er durch Hängenlassen eines Flügels eine Verletzung vor und lockt so den Angreifer als vermeintlich leichte Beute vom Nest weg. Von diesem gewieften Verleitungsverhalten rührt auch sein englischer Name »lapwing«. Kaum eine andere heimische Vogelart musste wegen der Eingriffe durch uns Menschen in die Landschaft so hohe Verluste in den letzten Jahrzehnten hinnehmen wie der Kiebitz. Seit den 1980er-Jahren sanken seine Bestände in Deutschland um dreiundneunzig Prozent. Hauptgründe hierfür sind die hochintensive Landwirtschaft, die Feuchtwiesen trockenlegt und zu Ackerland umwandelt, sowie die Hochertragsbewirtschaftung mit bis zu sechs Wiesenmahden pro Jahr.

Größe
28 – 31 cm

Spannweite
67 – 72 cm

Gewicht
150 – 310 g

Fortpflanzungsperioden / Jahr
1

Nachkommen / Periode
3 – 4

Höchstalter
19 Jahre

Bundesweiter Gefährdungsgrad (Rote Liste)
stark gefährdet

Volkstümlicher Name
Gaukler der Lüfte

Stimmenbeschreibung
schreiend, jodelnd

Schlittschuh, Bauhelm, Thermoskanne, Kartoffelhacken, 100 x 65 x 25 cm

Kranich

Grus grus

Der Kranichzug gehört zu einem der bewegendsten Naturschauspiele in hiesigen Gefilden. In nicht mehr als hundert Metern Höhe fliegen die großen Vögel mit einer Spannweite von bis zu 2,40 Meter und begleiten ihre Reise mit lautem melancholischen Trompeten. Wer genau hinhört, kann in dem Trompeten-Wirrwarr auch piepsige Stimmen erkennen, wie etwa von Singvögeln. Dabei handelt es sich um Jungvögel, die erst noch in den »Stimmbruch« kommen müssen. Die Altvögel verdanken ihr gewaltiges Stimmvolumen dem besonderen Bau und der enormen Länge ihrer Luftröhre. Sie kann bis zu 1,30 Meter messen. Kraniche sind sehr soziale Tiere. Sie verbringen meist ihr gesamtes Leben mit demselben Partner und halten sich während des Zuges in Familienverbänden auf. Kraniche erreichen fast die Größe eines Menschen und mit einer Lebenserwartung von vierzig Jahren auch ein hohes Alter. Diese humanoiden Eigenschaften, gepaart mit ihrer Schönheit und Eleganz, führten dazu, dass die Vögel in der Mythologie, in der Literatur und in der Poesie vieler Völker eine große Rolle spielten: als Frühlingsboten und Glücksvögel, Symbol für Wachsamkeit und Klugheit und Sinnbild für Treue und ein langes Leben. Aufgrund dieser kulturellen Omnipräsenz spielt der Kranich auch etymologisch eine interessante Rolle: So leitet sich etwa der Name einer langhalsigen Hebevorrichtung, auch als Kran bekannt, vom schlangenartigen Hals eines Kranichs ab. Auch eine seiner Leibspeisen, die Cranberry (niederdeutsch: Kranbeere), verdankt dem Vogel ihren Namen. Als wahrer Sympathieträger ist der Kranich ein Paradebeispiel für funktionierenden Artenschutz. Seine Bestände konnten sich bei uns seit den 1970er-Jahren prächtig erholen, von achthundert auf fast zwölftausend Brutpaare. Doch auch die weniger attraktiven Arten gilt es zu schützen: Sie sind genauso wertvolle Zahnrädchen im hochkomplexen Mechanismus der Natur.

Größe
96 – 119 cm

Spannweite
180 – 240 cm

Gewicht
4 000 – 7 000 g

Fortpflanzungsperioden / Jahr
1

Nachkommen / Periode
1 – 3

Höchstalter
42 Jahre

Bundesweiter Gefährdungsgrad (Rote Liste)
nicht gefährdet

Volkstümlicher Name
Vogel des Glückes

Stimmenbeschreibung
trompetend, posaunend

Straßenleuchte, Fahrradbleche, Heckenschere, Aluminiumrohr, 230 x 30 x 80 cm

Lachmöwe

Chroicocephalus ridibundus

Die Lachmöwe verdankt ihren Namen der Tatsache, dass ihre Rufe an heiseres oder spöttisches Lachen erinnern. Auch ihr wissenschaftlicher Name leitet sich davon ab: »ridibundus« bedeutet »lachend«. Sie gehört zu den sogenannten »Zweijahres-Möwen«: Erst im zweiten Lebensjahr bildet sich ab Ende März das charakteristische Sommergefieder mit der schokoladenbraunen Gesichtsmaske aus. Im Winterkleid haben sie einen weißen Kopf mit dunklem Ohrfleck. Zur kalten Jahreszeit verlassen »unsere« Lachmöwen ihre Brutgebiete und überwintern im Mittelmeerraum. Sie werden jedoch durch Artgenossen aus Nord- und Osteuropa ersetzt, die wiederum bei uns den Winter verbringen. Heute ist die Lachmöwe die häufigste Möwenart an unseren Küsten, und so ist es schwer vorstellbar, dass sie die Nordseeküste erst vor wenigen Jahrzehnten in großen Massen besiedelt hat. Denn eigentlich ist sie eine klassische Bewohnerin des Binnenlandes, wo sie in der Nähe von Gewässern dicht gedrängt in großen Kolonien brütet. Auch wegen ihres krächzenden Rufs nannte man sie früher »Seekrähe«. Ihre riesigen Kolonien können mehrere Tausend Brutpaare umfassen. Da sie kein reiner Fischfresser ist und ihre Nahrung, vor allem zur Brutzeit, zum großen Teil aus Regenwürmern besteht, leidet auch sie unter der intensiven Landwirtschaft, weshalb ihre Bestände mittlerweile rückläufig sind. Regenwürmer lockt sie übrigens mit einem raffinierten Trick aus der Erde: Sie trippelt schnell an einer geeigneten Stelle. Der Wurm interpretiert dies als beginnenden Regen und kommt nach oben, um nicht zu ertrinken. Nun kann die Möwe ihn ohne große Mühen schnappen.

Größe
34 – 37 cm

Spannweite
83 – 101 cm

Gewicht
225 – 350 g

Fortpflanzungsperioden / Jahr
1

Nachkommen / Periode
1 – 3

Höchstalter
30 Jahre

Bundesweiter Gefährdungsgrad (Rote Liste)
nicht gefährdet

Volkstümlicher Name
Seekrähe

Stimmenbeschreibung
lachend, kreischend

Sneaker, Plastikflasche, Eisenstange, Holz, 55 x 15 x 40 cm

Laubfrosch

Hyla arborea

Der Laubfrosch gehört als einzige heimische Art zu den Baumfröschen, wie man sie eher aus den Tropen kennt. Außer zum Ablaichen in temporären Kleingewässern findet man Laubfrösche eher in Gebüschen und Bäumen, die ihnen als eigentlicher Lebensraum dienen. Besondere Haftscheiben an Fingern und Zehen verleihen dem Laubfrosch dabei ganz besondere Kletterfähigkeiten; er bleibt sogar an Glasscheiben kleben. Einst hielt man ihn als »Wetterfrosch« mit einer kleinen Leiter in Einmachgläsern. Wie hoch er klettert, hat jedoch nichts direkt mit der Witterung zu tun, sondern damit, dass seine Nahrung in Form von Fluginsekten bei Erwärmung durch Aufwinde einfach höher getragen wird. Laubfrösche besitzen hingegen die erstaunliche Fähigkeit, ihre Hautfarbe zwecks Tarnung zu verändern. Dabei wird die Rückenfärbung durch hormonell gesteuerte Pigmentverlagerungen an den Standort angepasst. Die Farbveränderung wird durch den Tastsinn ausgelöst, die Hautfarbe passt sich der Struktur des Untergrunds an, die die Frösche erfühlen. So bleiben sie auf glatten Oberflächen wie Blättern grün, auf rauen Strukturen wie etwa einer Baumrinde werden sie braun oder grau. Auch die Temperatur spielt beim Farbwechsel eine Rolle. Je höher die Temperatur, desto heller wird ihre Haut, um so durch mehr Sonnenlichtreflexion vor Überhitzung zu schützen. Trotz ihrer geringen Körpergröße verfügen Laubfrösche über die lauteste Stimme unter den mitteleuropäischen Lurchen. Dabei werden unglaubliche Lautstärken von bis zu neunzig Dezibel erreicht, die kilometerweit hörbar sind. Sie rufen mitunter so laut, dass entnervte Anwohner schon durch juristische Prozesse bewirkten, dass Teiche mit nächtlichen Laubfroschkonzerten zugeschüttet und umgesiedelt wurden.

Größe
3 – 5 cm

Spannweite
–

Gewicht
3,5 – 9 g

Fortpflanzungsperioden / Jahr
1

Nachkommen / Periode
200 – 1 400

Höchstalter
12 Jahre

Bundesweiter Gefährdungsgrad (Rote Liste)
gefährdet

Volkstümlicher Name
Wetterfrosch

Stimmenbeschreibung
knarrend, quakend

Posttelefon, Wäscheklammern, Leder, Polsternägel, 13 x 30 x 35 cm

Lilienhähnchen

Lilioceris lilii

Wie der Name schon verrät, lieben Lilienhähnchen Lilien: Sie haben sie zum Fressen gern, auch wenn mancher Gartenfreund sich darüber nicht so sehr freut. Der zweite Teil ihres Namens rührt daher, dass sie zirpende Laute von sich geben können, die mit etwas Fantasie an das Krähen eines Hahnes erinnern. Die Sounds der nicht einmal einen Zentimeter kleinen knallroten Käfer sind auch für uns gut hörbar. Bis zu zweihundert hochfrequente Töne pro Minute können sie von sich geben. Um den typischen »Hähnchensound« zu erzeugen, werden die Flügeldeckenkanten gegen spezielle, quergeriefte Felder auf dem Hinterleib gerieben. Sowohl die Männchen als auch die Weibchen zirpen aus Kommunikationsgründen, aber auch um potenzielle Angreifer zu verschrecken. Werden die Käfer dennoch entdeckt, lassen sie sich unmittelbar auf den Boden fallen und bleiben regungslos auf dem Rücken liegen, stellen sich tot. Die Larven hingegen sind für einen ungeübten Beobachter erst gar nicht als solche erkennbar, da sie einen bemerkenswerten Trick auf Lager haben: Sie tarnen sich, indem sie ihren Kot auf dem Hinterleib ablagern. Zu diesem Zweck ist ihr After verschoben und befindet sich auf dem Rücken. Ihr gesamtes Leben als Larve verbringen sie in einem schleimigen »Kotsack«, nur der schwarze Kopf ragt empor. Der Trick funktioniert bestens, selbst Vögel rühren die krabbelnden Kothaufen nicht an. Einen weiteren Vorteil, den die Kothülle bietet, ist die Wärmeisolation. Wie eine Jacke sorgt sie für konstante Temperaturen. Nach etwa drei Wochen lassen sich die Larven mit ihrem als Airbag fungierenden Kotsack gut gepolstert auf den Boden fallen und verpuppen sich in der Erde.

Größe
0,6 – 0,8 cm

Spannweite
0,9 – 1,3 cm

Gewicht
25 – 35 mg

Fortpflanzungsperioden / Jahr
2 – 3

Nachkommen / Periode
200 – 300

Höchstalter
5 Monate (Imago)

Bundesweiter Gefährdungsgrad (Rote Liste)
nicht gefährdet

Volkstümlicher Name
Lilienkäfer

Stimmenbeschreibung
zirpend, krähend

Kinderschaufel, Draht, Schnur, Holz, 14 x 25 x 40 cm

Mönchsgrasmücke

Sylvia atricapilla

Das Männchen der Mönchsgrasmücke ist gut an dem schwarz gefärbten Scheitel zu erkennen, der an die Kopfbedeckung eines Mönches erinnert; daher ihr Name. Regional nennt man sie deshalb auch »Schwarzkapperl« oder »Schwarzplattl«. Auch sein wissenschaftlicher Artname »atricapilla« bedeutet so viel wie »Schwarzköpfchen«. Weibchen und Jungvögel haben hingegen eine rotbraune Kappe. Das Wort Grasmücke hat nichts mit Gras oder Fluginsekten zu tun, sondern geht auf das Althochdeutsche »gra smucka« zurück, was so viel wie »grauer Schlüpfer« bedeutet. Eine sehr passende Charakterisierung des Erscheinungsbildes einer Mönchsgrasmücke, da der ansonsten grau gefärbte Vogel unscheinbar durchs Buschwerk »schlüpft«. Dennoch ist dieser so heimlich lebende Singvogel unsere vierthäufigste Brutvogelart und mittlerweile sogar häufiger als der Spatz. Neben Insekten verspeisen die Vögel im Sommer und Herbst Beeren und Früchte von mehr als sechzig verschiedenen Straucharten. Diese Flexibilität hat dazu beigetragen, dass ihre Bestände sehr stabil sind. Der Gesang der Mönchsgrasmücke besteht aus flötenden Tönen, deren kurze Strophen sich freudig »überschlagend« anhören und etwas an eine Amsel erinnern. Häufig kann man auch die markanten, harten »täk-täk«-Erregungsrufe der Vögel hören. Sie klingen ein bisschen so, als würde jemand zwei Kieselsteine aneinanderhauen. Seit den 1960ern zieht ein Teil der hiesigen Mönchsgrasmücken-Population nicht nach Süden, sondern nach Großbritannien. Ein Vorteil: Aufgrund von klimatischen Veränderungen ist es dort im Winter warm genug und sie profitieren von der enorm weit verbreiteten Vogelfütterung der Briten. Die Zugstrecke ist somit deutlich kürzer und energiesparender. Die Britannienreisenden können sich so hierzulande das beste Revier sichern und früher mit der Brut beginnen.

Größe
13 – 15 cm

Spannweite
22 – 24 cm

Gewicht
14 – 20 g

Fortpflanzungsperioden / Jahr
1

Nachkommen / Periode
4 – 5

Höchstalter
8 Jahre

Bundesweiter Gefährdungsgrad (Rote Liste)
nicht gefährdet

Volkstümlicher Name
Schwarzkapperl

Stimmenbeschreibung
flötend, überschlagend

Eierbecher, Nagelschere, Löffel, Aludraht, 17 x 7 x 18 cm

Nachtigall

Luscinia megarhynchos

Die Nachtigall verdankt ihren Namen der für Singvögel ungewöhnlichen Angewohnheit, nicht nur tagsüber, sondern auch nachts zu singen. Das »gall« in ihrem Namen kommt aus dem Mittelhochdeutschen und bedeutet »laut tönen«. Tatsächlich ist ihr schlagender Gesang merklich durchdringender als der anderer Singvogelarten. Anfang April besetzen die ersten aus den Überwinterungsgebieten in Afrika zurückkehrenden Männchen ein Revier und locken mit ihrem lauten Gesang die nachts ziehenden Weibchen förmlich vom Himmel. Ihr Gesang gilt als der schönste aller einheimischen Vögel. Je mehr Strophen ein Männchen beherrscht, desto attraktiver ist es für die Weibchen, denn es verspricht ein hohes Maß an Fitness, um die Jungen mit zu versorgen, und gute Gene. Jedes Jahr lernen die Männchen weitere Strophen hinzu, um sich zu überbieten. Senioren sind also die beliebtesten Partner unter den Weibchen. Erfahrene Meistersänger bringen es auf ein stolzes Repertoire von bis zu dreihundert Strophen. Besonders charakteristisch für den Gesang der Nachtigall ist das Crescendo, eine Serie von gedehnten, weichen Pfeiftönen mit wehmütigem Charakter, die wir als klagend oder schluchzend empfinden. Keine andere Vogelart hat mehr Kunst- und Kulturschaffende beeinflusst. Etwa Shakespeare in »Romeo und Julia« mit der weltberühmten Zeile »Es war die Nachtigall und nicht die Lerche«. Unzählige Komponisten hat sie zu musikalischen Meisterwerken inspiriert, etwa Beethoven, Strauß, Brahms oder Chopin. Berlin gilt mit über eintausendfünfhundert Brutpaaren als die »Hauptstadt der Nachtigallen« und hat die Redewendung »Nachtigall, ick hör' dir trapsen« hervorgebracht.

Größe
15 – 17 cm

Spannweite
23 – 26 cm

Gewicht
18 – 27 g

Fortpflanzungsperioden / Jahr
1

Nachkommen / Periode
4 – 6

Höchstalter
8 Jahre

Bundesweiter Gefährdungsgrad (Rote Liste)
nicht gefährdet

Volkstümlicher Name
Auvogel

Stimmenbeschreibung
schlagend, schluchzend

Geige, Schere, Lederhandschuh, Schusterleisten, 30 x 10 x 55 cm

Nachtigall-Grashüpfer

Chorthippus biguttulus

Der Nachtigall-Grashüpfer ist eine unserer häufigsten Heuschreckenarten. Der Gesang der Männchen besteht aus einer Serie von meist zwei bis drei anschwellenden schwirrenden Strophen, die gegen Ende hin lauter werden. Er ähnelt damit entfernt dem schlagenden Gesang einer Nachtigall. Für uns Menschen ist er auf etwa zehn Meter weit hörbar und gut von den etwa siebzig anderen heimischen Heuschreckengesängen unterscheidbar. Die Grashüpfer besitzen an jeder Seite des ersten Hinterleibssegments ein Trommelfell, mit dem sie den Schall hören können. Wie alle Feldheuschrecken erzeugen sie ihren Gesang mit den Hinterbeinen: Eine gezähnte Leiste an den Innenseiten der Oberschenkel wird rasant über eine vorstehende, zu diesem Zweck besonders verdickte Ader des Flügels gestrichen. Die Flügel werden dabei dachartig über dem Körper gefaltet und bilden so einen Resonanzkörper für die Lautverstärkung. Um sich akustisch aus dem Weg zu gehen, fangen Feldheuschrecken, im Gegensatz zu den Laubheuschrecken wie dem Heupferd, bereits am späten Vormittag mit ihrem Konzert an und überlassen den anderen dann später die Bühne. Auf ähnliche Weise wechseln sich auch die unterschiedlichen Vogelarten in der Morgendämmerung ab. Die Färbung der Nachtigall-Grashüpfer variiert stark: von grau, bräunlich, grünlich bis hin zu rötlich. Mit viel Glück kann man sogar intensiv pink gefärbte Grashüpfer finden. Die ungewöhnliche Färbung verdanken diese Tiere einer Genmutation namens Erythrismus, was sich vom griechischen Wort »erythros« für Rot ableitet. Sie bewirkt eine verringerte Produktion schwarzer und/oder eine übermäßige Produktion roter Pigmente. Meistens findet man jedoch nur pinke Nymphen, also noch junge Heuschrecken. Ins Erwachsenenstadium schaffen sie es so gut wie nie, denn wer so pink leuchtet, wird ziemlich schnell gefressen.

Größe
1,3 – 2,2 cm

Spannweite
2,4 – 3,2 cm

Gewicht
0,5 – 0,9 g

Fortpflanzungsperioden / Jahr
1

Nachkommen / Periode
250 – 350

Höchstalter
2 Monate (Imago)

Bundesweiter Gefährdungsgrad (Rote Liste)
nicht gefährdet

Volkstümlicher Name
–

Stimmenbeschreibung
schwirrend, anschwellend

Spardose, Sneaker, Ohrschützer, Draht, 25 x 20 x 45 cm

Pirol

Oriolus oriolus

Den Pirol bekommt man erstaunlicherweise nur selten zu Gesicht, da er sich meist im Kronenbereich hoher Bäume aufhält. Im Blattwerk ist er zudem trotz seines vermeintlich auffälligen Federkleids bestens getarnt. Männchen besitzen ab dem zweiten Lebensjahr eine leuchtend gelbe Färbung mit schwarzer Flügelbinde, Weibchen sind grünlich gefärbt. Ältere Weibchen können jedoch auch mehr Gelb im Gefieder aufweisen. Fällt leichter Regen, duschen Pirole gerne in den Bäumen. Dazu lassen sie sich kopfüber mit geöffneten Flügeln von einem Ast hängen und in dieser »Fledermausstellung« verharrend für mehrere Minuten beregnen. Da sie zudem ein katzenartiges Fauchen abgeben können, nennt man sie volkstümlich auch »Regenkatze«. Der Pirol verbringt nahezu das gesamte Jahr, wie die etwa dreißig anderen weltweit existierenden Pirolarten auch, in tropischen Gefilden. Erst Ende Mai kommt er als einer der letzten Zugvogelarten zu einer einzigen Brut zu uns, weshalb man ihn auch »Pfingstvogel« nennt. Schon ab Ende Juli verlässt er unsere Breiten wieder. Da der goldgelbe Vogel in etwa die Größe einer Amsel hat, nannte man den Pirol früher auch irrtümlicherweise »Goldamsel«. In Wirklichkeit ist er aber am nächsten mit Paradiesvögeln verwandt. Auch sein flötender Gesang, der auch von Weibchen kundgetan wird, hat etwas Exotisches. Er bescherte ihm seinen lautmalerischen wissenschaftlichen Namen »Oriolus oriolus«. Ebenfalls lautmalerisch abgeleitet ist sein volkstümlicher Name »Vogel Bülow«. Der geniale Humorist Vicco von Bülow nahm als Künstlernamen den französischen Namen des Vogels an: Loriot.

Größe
22 – 25 cm

Spannweite
44 – 47 cm

Gewicht
42 – 94 g

Fortpflanzungsperioden / Jahr
1

Nachkommen / Periode
2 – 5

Höchstalter
8 Jahre

Bundesweiter Gefährdungsgrad (Rote Liste)
Vorwarnliste

Volkstümlicher Name
Goldamsel

Stimmenbeschreibung
flötend, fauchend

Lederschuhe, Schere, Fahrradsattel, Brillenetui, 30 x 12 x 45 cm

Rauhautfledermaus

Pipistrellus nathusii

Die Rauhautfledermaus verdankt ihren Namen der Tatsache, dass ihre Schwanzflughaut etwa bis zu Hälfte rau behaart ist. Sie gehört zu den typischen »Zugarten«, die den Winter nicht bei uns, sondern, ähnlich wie Zugvögel, in wärmeren Gefilden verbringen. Die gerade mal acht Gramm leichte Rauhautfledermaus geht jedes Jahr auf eine besonders lange Wanderschaft: Von ihrem Sommerlebensraum, der häufig im Norden Europas liegt, fliegt sie zu ihrem Winterschlafplatz nach West- oder Südeuropa. Dabei kann sie binnen weniger Wochen bis zu zweieinhalbtausend Kilometern zurücklegen, ein Rekord unter den europäischen Landsäugetieren. Weibliche Rauhautfledermäuse, die das Frühjahr und den Sommer in Baumhöhlen, in ihren »Wochenstuben«, nur unter Weibchen leben, verpaaren sich erst bei diesem langen Flug in den Süden. Denn Männchen besetzen im Herbst »Balzhöhlen«, die sich entlang der klassischen Zugrouten der Weibchen befinden. Mit Zirplauten, die auch für uns Menschen gut hörbar sind, sowie auffälligen Balzflügen vor dem Quartier versuchen sie, Weibchen für die Paarung anzulocken. So begegnen sich die beiden Geschlechter nur für diese kurzen Rendezvous-Momente im gesamten Jahr. Zwischen Paarung und Geburt können neun Monate liegen. Die Tragezeit eines Weibchens beträgt aber nur rund zehn Wochen. Damit die Jungtiere nicht im Winter geboren werden, kommt es zu einer verzögerten Eizellenbefruchtung: Der Samen wird im Fortpflanzungstrakt aufbewahrt. Erst nach dem Erwachen aus dem Winterschlaf, etwa Ende März, kommt es zum Eisprung und zur Befruchtung der Eizelle. Die weibliche Rauhautfledermaus hat nun keine Zeit zu verlieren. Pünktlich zu ihrer Ankunft im Sommerquartier kommen die Jungen, meist Zwillinge, zur Welt. Denn nur dann gibt es auch wieder ausreichend Insekten, die sie so dringend benötigt, um die Milch für den Nachwuchs zu produzieren.

Größe
4,6 – 5,8 cm

Spannweite
23 – 25 cm

Gewicht
6 – 15,5 g

Fortpflanzungsperioden / Jahr
1

Nachkommen / Periode
2

Höchstalter
11 Jahre

Bundesweiter Gefährdungsgrad (Rote Liste)
nicht gefährdet

Volkstümlicher Name
–

Stimmenbeschreibung
holpernd, zirpend

BMX-Helm, Schuh, Textil, Zange, 20 x 60 x 25 cm

Reh

Capreolus capreolus

Das Reh gehört zwar auch zur Familie der Hirsche, sein nächster genetischer Verwandter ist jedoch der Elch. Während der beinahe zehnmal so schwere Rothirsch überwiegend in Rudeln lebt, ist das Reh eher ein Einzelgänger. Nur im Herbst und Winter schließen sich Rehe zu kleinen Verbänden, den »Sprüngen«, zusammen. Sie sind auch keine ehemaligen Steppenbewohner, sondern besiedelten einst Waldränder und unterwuchsreiche Lebensräume. Der Körperbau des Rehs ist daran optimal angepasst: Mit einem schmalen Brustkorb und kräftigen Hinterläufen hat es eine Art Keilform, dank der es perfekt durch dichte Vegetation und Unterholz schlüpfen kann. Bereits vor fünfundzwanzig Millionen Jahren bevölkerten erste Rehe unseren Planeten. Das Reh ist ein echtes Erfolgsmodell. Es ist ein klassischer Kulturfolger, sehr anpassungsfähig an den Lebensraum und es profitiert sogar von der ansonsten so kritischen Überdüngung unserer Landschaften. Denn es liebt stickstoffhaltige Pflanzen wie etwa Löwenzahn als Fraßpflanze. Zusammen mit fehlenden Raubtieren und einer immensen Bejagung des konkurrierenden Rotwildes konnte sich sein Bestand bei uns in den letzten einhundertfünfzig Jahren massiv ausdehnen. In Deutschland leben mittlerweile etwa zehnmal so viele Rehe wie Rot- und Damhirsche zusammen. Jedes Jahr werden alleine in unserem Land über 1,2 Millionen Rehe durch Jagd erlegt. Ihre bellenden Rufe sind die am häufigsten zu vernehmenden Rehlaute. Man hört sie meist, wenn Rehe aufgeschreckt wurden, und sie signalisieren dem Störer, dass es ihn entdeckt hat, ein möglicher Angriff sinnlos ist. Deshalb nennt man das Bellen auch »Schrecklaut«. Die Ricken sind nur vier Tage im Jahr empfängnisbereit. Dieser Paarungszeitraum findet im Sommer statt, das befruchtete Ei entwickelt sich durch eine Keimruhe aber erst ab Dezember.

Größe
100 – 130 cm

Spannweite
–

Gewicht
15 – 35 kg

Fortpflanzungsperioden / Jahr
1

Nachkommen / Periode
1 – 3

Höchstalter
18 Jahre

Bundesweiter Gefährdungsgrad (Rote Liste)
nicht gefährdet

Volkstümlicher Name
Bambi

Stimmenbeschreibung
bellend, schreiend

Schultasche, Holzbecher, Fahrradsattel, Leder, 90 x 20 x 50 cm

Rohrdommel

Botaurus stellaris

Die Rohrdommel zählt zu der Familie der Reiher. Mit ihrem dolchförmigen Schnabel erbeutet sie durch urplötzliches Zustoßen Fische. Sie ist eine heimliche Bewohnerin feuchter Schilfgebiete und vor allem dämmerungs- und nachtaktiv. Mit ihrem gelbbraun gestreiften Gefieder ist die Rohrdommel zwischen den Halmen kaum auszumachen. Fühlt sie sich bedroht, nimmt sie eine »Pfahlstellung« ein. Dabei streckt sie sich ganz lang und reckt ihren Kopf und Schnabel in die Höhe, sodass ihre Gestalt sich komplett aufrichtet. Nun verschmilzt sie förmlich mit den Halmen. Damit nicht genug: Um die Tarnung noch zu perfektionieren, imitiert sie durch ein Hin- und Herwiegen ihres Körpers zusätzlich den Wind im Schilf. Auch Jungvögel im Nest nehmen schon eine Woche nach ihrem Schlupf diese typische »Pfahlstellung« ein. Obwohl die Jungen Nesthocker sind und erst nach etwa fünf Wochen das Nest verlassen, beteiligen sich die Männchen nicht an der Fütterung. Sie leben häufig polygam und verpaaren sich mit bis zu sieben Weibchen gleichzeitig pro Saison. Ihre tiefen, dumpfen Balzrufe sind bis zu fünf Kilometer weit zu hören. Sie ähneln in ihrem Klangcharakter einem Nebelhorn, oder dem Geräusch, das entsteht, wenn man schräg in eine große Flasche hineinbläst. Aufgrund dieser auch an ein Rind erinnernden Rufe wurde die Rohrdommel früher mitunter »Moorochse« genannt. Auch ihr Gattungsname »Botaurus« leitet sich davon ab und bedeutet so viel wie »Brüllochse«. Um den markanten Dommel-Sound zu erzeugen, pumpt die Rohrdommel ihre Speiseröhre durch hastiges Luftschnappen mit dem Schnabel auf wie einen Dudelsack, und presst die Luft dann dank äußerst starker Muskulatur wieder kraftvoll heraus.

Größe
70 – 80 cm

Spannweite
125 – 135 cm

Gewicht
820 – 1 940 g

Fortpflanzungsperioden / Jahr
1

Nachkommen / Periode
3 – 7

Höchstalter
10 Jahre

Bundesweiter Gefährdungsgrad (Rote Liste)
gefährdet

Volkstümlicher Name
Moorochse

Stimmenbeschreibung
röhrend, brüllend

Schirm, Mopedhelm, Kleiderbügel, Leder, 110 x 45 x 60 cm

Rotfuchs

Vulpes vulpes

Der Rotfuchs ist weltweit das Raubtier mit dem größten Verbreitungsgebiet. Außer in Südamerika kommt er auf jedem Kontinent vor und besiedelt sowohl Gebiete nördlich des Polarkreises als auch fast tropisches Terrain. Gründe für diese kosmopolitische Omnipräsenz sind seine Anpassungsfähigkeit und seine Supersinne. Sein Geruchssinn ist etwa vierhundertmal besser ausgeprägt als der des Menschen, seine hochsensiblen Ohren kann er wie Satellitenschüsseln in fast alle Richtungen drehen und seine Augen sind wahre Nachtsichtgeräte. In den letzten Jahrzehnten haben die hochintelligenten Tiere auch immer mehr den Weg in unsere Siedlungen gefunden. Alleine in Berlin leben mittlerweile an die zweitausend Füchse. Hier finden die Allesfresser in Mülltonnen Essensreste, viele Mäuse und Ratten sowie unter Gebäuden oder in trockenen Abwasserrohren eine bequeme Behausung für ihre Jungenaufzucht. Außerhalb der Stadt graben sie einen metertiefen Bau als Kinderstube. Oft beziehen sie auch verlassene oder sogar bewohnte Dachsbauten. So kann es vorkommen, dass Dachse und Füchse zusammen in einem Bau ihre Jungen aufziehen. Es sind sogar Aufzuchtgemeinschaften mit Kaninchen oder Brandgänsen nachgewiesen. Die vermeintlichen »Fuchsleckerbissen« nutzen dabei eine Beißhemmung des Raubtieres im Bau aus. So halten sie »Burgfrieden«. Füchse haben ein sehr flexibles Sozialverhalten. So gibt es Einzelgänger, monogame Duos, aber auch kleinere Gruppen mit bis zu zehn Individuen, die man meist in Stadtgebieten findet, wo es für sie genügend Nahrung gibt. Füchse besitzen eine Vielzahl von Kommunikationslauten: Während der winterlichen Paarungszeit hört man etwa oft einen »schreiartigen« Ruf, der meist von der Fähe kundgetan wird, um Rüden anzulocken. Diese antworten häufig mit einem Bellen.

Größe
62 – 75 cm

Spannweite
–

Gewicht
5 – 10 kg

Fortpflanzungsperioden / Jahr
1

Nachkommen / Periode
3 – 6

Höchstalter
14 Jahre

Bundesweiter Gefährdungsgrad (Rote Liste)
nicht gefährdet

Volkstümlicher Name
Fuchs

Stimmenbeschreibung
schreiend, bellend

Aluminiumblech, Blindnieten, Suppenlöffel, Metalllack, 120 x 60 x 200 cm

Rothirsch

Cervus elaphus

Der Rothirsch ist das größte einheimische Wildtier. Ein erwachsener Hirsch erreicht fast die Größe eines Pferdes, hat eine Schulterhöhe von etwa eineinhalb Metern, eine Länge von über zwei Metern und wiegt bis zu zweihundertfünfzig Kilogramm. Seinen Namen verdankt er dem im Sommer rötlich-braunen Fell. Ursprünglich bewohnten Rothirsche offene Landschaften, weite Steppen. Durch das Eindringen der Menschen in die Natur waren sie jedoch gezwungen, sich in größere Waldgebiete zurückzuziehen. Ihre Brunft ist ein akustisches Highlight in der heimischen Tierwelt. Sie beginnt im September und dauert bis zu sechs Wochen an. Mit kilometerweit dröhnendem Röhren streiten sich die kapitalen Männchen um die Gunst der Weibchen, wer der »Platzhirsch« sein darf. Denn es gibt nur einen Hirsch, der Boss auf dem Brunftplatz ist und das Paarungsrecht mit allen Hirschkühen seines Harems besitzt. Alle andere Männchen sind nun nur noch Konkurrenten, die es zu vertreiben gilt. Zu dieser Zeit sind die Geweihe der Rothirsche in voller Pracht und der Testosteronspiegel bis zum Anschlag erhöht. Die Brunftrufe bestehen aus einer Abfolge von drei bis acht Einzelrufen, wobei der erste Ruf immer der lauteste und am längsten gestreckte ist. Jeder Hirsch hat dabei seinen eigenen »Duktus«, sodass man rasch die einzelnen Individuen akustisch auseinanderhalten kann. Reicht ein verbales und visuelles Kräftemessen nicht aus, kommt es zum Kampf. Dabei knallen die Geweihe lautstark gegeneinander und verhaken sich. Nun schieben sich die Widersacher über den Platz, »forkeln« sich, bis der Unterlegene den Kampf beendet. Da die Hirsche so sehr mit ihren Konkurrenten und der Damenwahl beschäftigt sind, nehmen sie während der Brunftzeit kaum Nahrung zu sich und verlieren über ein Viertel ihres Körpergewichts.

Größe
165 – 230 cm

Spannweite
–

Gewicht
100 – 250 kg

Fortpflanzungsperioden / Jahr
1

Nachkommen / Periode
1 – (2)

Höchstalter
20 Jahre

Bundesweiter Gefährdungsgrad (Rote Liste)
nicht gefährdet

Volkstümlicher Name
Edelhirsch

Stimmenbeschreibung
röhrend, knörend

Koffer, Motorradhelm, Heugabeln, Schuh, 200 x 100 x 120 cm

Rotkehlchen

Erithacus rubecula

Rotkehlchen zeigen wenig Scheu vor uns Menschen und lassen sich oft aus nächster Distanz beobachten, denn sie halten uns für Weidetiere, die für sie schmackhafte Insekten aufscheuchen. In freier Natur kann man sie häufig in der Nähe von Wildschweinen finden, wo sie Kleintiere aus der frisch aufgeworfenen Erde herauspicken. Rotkehlchen sind eng mit virtuosen Arten wie der Nachtigall verwandt. Auch sie singen bis spät in die Abenddämmerung hinein, bei hellem Mondschein oder Straßenbeleuchtung sogar auch nachts. Ihr seidiger Gesang kann aus bis zu zweihundertfünfundsiebzig Motiven bestehen, welche sie immer wieder zu neuen perlenden Melodiemustern zusammenweben. Er ist einer der wenigen Vogelgesänge, die auch im Winter regelmäßig zu hören sind. Außerhalb der Brutsaison singen auch die Weibchen, ebenso virtuos wie die Männchen, und verteidigen dann auch eigene Reviere. Rotkehlchen brüten in Bodennähe. Da die Nestlinge hier leichte Beute für Räuber darstellen, rühren sie sich bei Erschütterungen nicht. Erst ein sanfter, schnatternder Fütterruf des Altvogels löst wie ein geheimes Passwort das Aufsperren der Schnäbel aus. Rotkehlchen waschen täglich ihr Gefieder: Man sieht sie häufig in Pfützen baden oder sich flügelschlagend an nassen Blättern »duschen«. Zusätzlich benutzen sie Ameisen als »Deoroller«: Dazu nehmen sie die Insekten mit dem Schnabel auf und ziehen diese durch ihr Gefieder. Mit der abgegebenen Ameisensäure bekämpfen sie so Plagegeister. Der wissenschaftliche Artname »rubecula« ist eine Verniedlichung von Rot und bedeutet so viel wie »Rötchen«. Doch das innerartliche Revierverhalten der so putzig wirkenden Rotkehlchen ist alles andere als niedlich: Gibt keiner der Rivalen bei den »Überbietungsgesängen« und Drohgebärden nach, kommt es immer wieder zu erbitterten Kämpfen. Die Konkurrenten verkrallen sich ineinander, drücken sich gegenseitig auf den Boden und versuchen, einander die Augen auszuhacken.

Größe
13 – 14 cm

Spannweite
20 – 22 cm

Gewicht
16 – 22 g

Fortpflanzungsperioden / Jahr
2

Nachkommen / Periode
5 – 7

Höchstalter
17 Jahre

Bundesweiter Gefährdungsgrad (Rote Liste)
nicht gefährdet

Volkstümlicher Name
Rötele

Stimmenbeschreibung
perlend, flötend

Holz, Auto-Dachbox, Kunststoff, Fußmatte, Lack, Fahrradklingel, 170 x 80 x 230 cm

Schlagschwirl

Locustella fluviatilis

Der Schlagschwirl verdankt seinen Namen dem ungewöhnlichen Gesang, bei dem er keine komplexen Strophen vorträgt, sondern immer nur eine ganz kurze Phrase repetitiv anschlägt. Im ersten Moment würde man dabei niemals an einen Vogel denken, sondern eher an die schwirrenden Stridulationslaute einer großen Heuschrecke. Da sie beim Singen den Kopf regelmäßig von einer Seite auf die andere wenden, sind sie im Dickicht kaum zu lokalisieren. So erscheint ihr Schwirren mal ganz nah und dann doch wieder weit entfernt. Männliche Schlagschwirle sind äußerst emsige Sänger. Beinahe die ganze Nacht und den ganzen Tag posaunen sie unermüdlich ihre wetzenden Sounds in die Welt, so konstant und maschinell ratternd wie eine gut geölte alte Nähmaschine. Erst wenn ein Weibchen sie erhört hat und sie eine Saisonehe eingegangen sind, kann sich das Männchen etwas zurücknehmen und singt nur noch in der Dämmerung zur Reviermarkierung. Der Schlagschwirl gehört zu den Brutvögeln unserer Gefilde, die mit die kürzeste Zeit hier verweilen. Gerade einmal drei Monate ist er bei uns zu bewundern, von Mai bis August. Drei Viertel des Jahres befindet er sich auf seinem Langstreckenzug oder im südlichen Afrika. Bei uns in Deutschland haben die Schlagschwirle ihr westlichstes Brutvorkommen, breiten sich aber immer weiter nach Westen aus. Der Großteil von ihnen lebt in Feuchtgebieten Osteuropas, wo ihnen Büsche, Schilf und Rohrkolben als Singwarten dienen. Wenn sie sich bedroht fühlen, nehmen sie eine »Pfahlstellung« ein: Mit nach oben überstrecktem Hals und gen Boden gedrücktem Schwanz verschmelzen sie optisch nahezu mit dem Röhricht. Oder sie lassen sich wie ein Stein auf den Boden fallen und huschen wie eine Maus gewandt über den Grund.

Größe
15 – 16 cm

Spannweite
21 – 24 cm

Gewicht
14 – 23 g

Fortpflanzungsperioden / Jahr
1

Nachkommen / Periode
4 – 6

Höchstalter
7 Jahre

Bundesweiter Gefährdungsgrad (Rote Liste)
nicht gefährdet

Volkstümlicher Name
Leirer

Stimmenbeschreibung
schwirrend, ratternd

Milchkanne, Heckenschere, Gummistiefel, Alutopf, Leder, 130 x 40 x 40 cm

Schwarzspecht

Dryocopus martius

Der Schwarzspecht ist unsere größte Spechtart und erreicht beinahe die Größe einer Krähe. Zusammen mit seiner schwarzen Färbung nennt man ihn im Volksmund deshalb auch »Holzkrähe«. Im Gegensatz zu den kreisrunden Eingängen der Buntspechthöhlen haben seine Behausungen eine ovale Öffnung. Jedes Jahr zimmert er eine neue Behausung und nimmt somit eine wichtige Schlüsselrolle im Ökosystem Wald ein. Über sechzig weitere Tierarten nutzen Spechthöhlen als Nachmieter: Meisen, Kleiber, Hohltauben, Eulen, Fledermäuse, Siebenschläfer, Marder oder Hornissen. Nistkästen, wie wir sie gerne in unseren Gärten aufhängen, sind nichts anderes als künstliche Spechthöhlen. Wie die meisten anderen Spechte trommelt auch er, um sein Revier zu verteidigen und Partner anzulocken. Die Trommelwirbel sind aufgrund seiner enormen Größe langsamer als die des Buntspechtes, dafür aber deutlich länger und dauern bis zu drei Sekunden an. Sie sind bis zu vier Kilometer weit zu hören. Sein territorialer Sitzruf, den er häufig nach einer Landung an einem Baumstamm von sich gibt, ist ein lautes, durchdringendes, fast schon schreiendes »Klieeh«. Ein einzigartig eindringlicher Sound, der einen in einem stillen Waldmoment fast schon zusammenzucken lässt. Auch seine Flugrufe wirken sonderbar, wenn man sie erstmals vernimmt: ein zirpendes, fast heuschreckenartiges »krü-krü«. Seine lange Zunge kann der Specht bis zu fünf Zentimeter herausstrecken. Die Zungenspitze ist klebrig und mit Widerhaken besetzt. So kann er Insekten, vor allem Ameisen, mit Leichtigkeit aus ihren Holzgängen herausziehen. Sein wehrhaftes, kämpferisches Verhalten wurde in der Antike wohl mit dem römischen Kriegsgott Mars in Verbindung gebracht. Dies spiegelt sich noch heute in seinem wissenschaftlichen Artnamen »martius« wieder, der so viel bedeutet wie »dem Mars geweiht«.

Größe
40 – 53 cm

Spannweite
64 – 73 cm

Gewicht
250 – 370 g

Fortpflanzungsperioden / Jahr
1

Nachkommen / Periode
3 – 5

Höchstalter
14 Jahre

Bundesweiter Gefährdungsgrad (Rote Liste)
nicht gefährdet

Volkstümlicher Name
Holzkrähe

Stimmenbeschreibung
trommelnd, zirpend

Stiefel, Schuhleder, Heckenschere, Handschuhe, 35 x 12 x 55 cm

Siebenschläfer

Glis glis

Der Siebenschläfer ist ein zu den Bilchen gehörendes nachtaktives Nagetier. Er verdankt seinen Namen einem extrem langen Winterschlaf, der in der Regel sogar länger als sieben Monate andauert: von September bis Mai. Erwachen die Siebenschläfer im Frühjahr und finden kaum Baumfrüchte, kann es sein, dass sie sich nach kurzer Zeit gleich wieder in den Winterschlaf begeben und so ganze elf Monate des Jahres verschlafen. Nur wenn es in verschwenderischen Mastjahren der Bäume genug zu fressen gibt, pflanzen sie sich fort. Denn nur dann haben die Jungen eine realistische Chance, sich genügend Fettpolster anzufressen, um ihren ersten Winter zu überstehen. Allein in Jahren, die zur Herbstzeit ein üppiges Angebot an ölhaltigen Baumfrüchten bereithalten, sind bereits im Frühjahr die Hoden der Männchen deutlich vergrößert und überhaupt zeugungsfähig. Woher sie schon im Frühjahr wissen, dass es ein Mastjahr werden wird, ist wissenschaftlich noch ein Rätsel. Auch wenn Siebenschläfer die meiste Zeit des Jahres verschlafen, sind sie doch äußerst aufgeweckte Kletterer. Dazu besitzen sie lange, gelenkige Zehen und klebrige Sohlenballen. Das haftende Sekret an den Füßen verleiht einen ähnlichen Effekt wie Saugnäpfe und ermöglicht es den Nagern, selbst an senkrechten Flächen hochzuklettern. Bei Gefahr kann der Siebenschläfer seinen Schwanz abwerfen. Packt ein Feind ihn am Schweif, reißt die Schwanzhaut samt Haaren an einer Sollbruchstelle ab und wird vom Schwanzskelett abgezogen. Nach kurzer Zeit wachsen an dieser Stelle jedoch neue Haut und Fell nach. Der Siebenschläfer galt einst als beliebte Delikatesse und wurde zu Römerzeiten gar in speziellen Gehegen dazu gezüchtet. Die noch heute verwendete englische Bezeichnung »edible dormouse«, »essbarer Bilch«, ist ein lebender Zeuge seiner traurigen Vergangenheit.

Größe
13 – 18 cm

Spannweite
–

Gewicht
70 – 160 g

Fortpflanzungsperioden / Jahr
1

Nachkommen / Periode
4 – 11

Höchstalter
9 Jahre

Bundesweiter Gefährdungsgrad (Rote Liste)
nicht gefährdet

Volkstümlicher Name
Bücherl

Stimmenbeschreibung
quiekend, pfeifend

Sektkühler, Aluminium, Teppich, Bürste, 70 x 50 x 50 cm

Singdrossel

Turdus philomelos

Die Singdrossel ist nach der Amsel unsere zweithäufigste Drosselart. Man kann sie an dem dunklen, pfeilspitzenartigen Muster an ihrer hellen Unterseite gut von anderen Drosselarten unterscheiden. Ihr Name ist Programm: Sie ist eine wahre Meistersängerin mit einem umfangreichen Repertoire an höchst unterschiedlichen Motiven. Ihren flötenden Gesang kann man meist morgens und abends, von einer erhöhten Warte aus vorgetragen, vernehmen. Dabei wird jedes Motiv in charakteristischer Singdrosselmanier zwei- bis viermal wiederholt, bevor eine neue Strophe beginnt. Die Singdrossel ist eine Zugvogelart, die größtenteils nur zur warmen Jahreszeit in unseren Gefilden zu beobachten ist. Daher nennt man sie auch »Sommerdrossel«. Ihren anderen volkstümlichen Namen »Zippe« verdankt sie ihren scharfen »Zip«-Rufen, die häufig zur Zugzeit zu hören sind. Neben Insekten und Regenwürmern hat sich die Singdrossel bei der Nahrungssuche auf Gehäuseschnecken spezialisiert. Ist die Schnecke zu groß, um sie in einem Stück zu verschlucken, wendet sie eine besonders raffinierte Methode an, um an das Innere zu gelangen: Sie schlägt das Schneckenhaus so lange auf einen flachen Stein, bis es zerbricht. Da sie bewährte »Amboss-Steine« immer wieder als Werkzeug benutzt, kann man solche Steine mit einer Anhäufung von zertrümmerten Schneckengehäusen mit etwas Glück bei Streifzügen durch die Natur auffinden. »Drosselschmieden« nennt man solche Werkstätten. Außergewöhnlich ist auch das Nest der Singdrossel: Es wird mit einem Brei aus zerkautem und eingespeicheltem, morschem Holz ausgekleidet und dann im Inneren mit einer Schicht Lehm glatt verputzt.

Größe
21 – 24 cm

Spannweite
33 – 36 cm

Gewicht
65 – 90 g

Fortpflanzungsperioden / Jahr
2

Nachkommen / Periode
3 – 5

Höchstalter
19 Jahre

Bundesweiter Gefährdungsgrad (Rote Liste)
nicht gefährdet

Volkstümlicher Name
Zippe

Stimmenbeschreibung
flötend, wiederholend

Kaurischnecke, Aludraht, Nagelschere, Leder, 21 x 7 x 10 cm

Stadttaube

Columba livia f. domestica

Wir sollten Freund sein von allem, was lebt. Jedes Wesen hat seine Berechtigung in dem hochkomplexen Mechanismus der Natur, sonst würde es nicht existieren. Wir sollten darauf mehr vertrauen, auch wenn es uns schwerfällt. Unsere Kategorisierung in Schädlinge und Nützlinge ist deshalb ein äußerst stumpfes Schwert mit scharfem Griff. Mit der Stadttaube, auch Straßentaube genannt, geht es los. Eine Prüfung auf den Feingehalt unseres Geistes und unserer Seele. Wir beschimpfen sie als »fliegende Ratten«, treten nach ihr und vergiften sie. Doch ist dies nur Ausdruck einer im wahrsten Sinne des Wortes verrückten Blickweise. Stadttauben sind wundervolle Wesen mit herrlich metallisch-schillerndem Halsgefieder. Und auch in dem rollenden Gurren der Tauber, welches mit vornehm anmutenden Verbeugungen vorgetragen wird, steckt doch so viel Schönheit. Ursprünglich stammt sie von der Felsentaube ab. Als Brieftaube instrumentalisierten wir sie einst zum Überbringen von Nachrichten und zum Austragen von Wettbewerben. Aus Gefangenschaftsflüchtlingen entwickelten sich verschiedene Populationen, die sich hervorragend an das Leben in Städten angepasst haben. Heute leben sie in solchen »Kunstfelsenlandschaften« auf der gesamten Welt. Dank ganzjährig verfügbarer Essensreste und Abwärme brüten sie hier bis zu sechsmal im Jahr. Die Jungen werden mit einer für Tauben typischen fett- und eiweißreichen Kropfmilch gefüttert, die sie mit ihrem an einen Dodo erinnernden, pipettenartigen Schnabel dem Schlund der Eltern entnehmen. So wachsen sie unglaublich schnell und sind bereits im Alter von sechs Monaten zu einer ersten eigenen Brut fähig.

Größe
31 – 34 cm

Spannweite
60 – 68 cm

Gewicht
240 – 380 g

Fortpflanzungsperioden / Jahr
2 – 6

Nachkommen / Periode
2

Höchstalter
10 Jahre

Bundesweiter Gefährdungsgrad (Rote Liste)
nicht gefährdet

Volkstümlicher Name
Straßentaube

Stimmenbeschreibung
gurrend, kollernd

Thermoskanne, Fahrradsattel, Zange, Gartenharken, Aluminium, 60 x 20 x 50 cm

Stieglitz

Carduelis carduelis

Sein Name umschreibt den charakteristischen Ruf, der oft im Flug zu hören ist: ein weiches, durchdringendes »Stig-litt«. Männchen und Weibchen sehen beim Stieglitz fast identisch aus, man kann sie aber am besten an der markanten roten Gesichtsmaske unterscheiden: Sie erstreckt sich beim Männchen bis an den hinteren Augenrand, beim Weibchen ist die Maske kleiner und reicht nur bis zur Augenmitte. Der Stieglitz ist ein strikter Vegetarier. Während viele andere körnerfressende Vogelarten für die Jungenaufzucht auf Insekten umsteigen, füttert er auch seinen Nachwuchs ausschließlich mit Pflanzensamen. Hauptsächlich ernährt er sich von Sämereien der Disteln und anderen Korbblütlern. Da man ihn deshalb häufig auf den hohen Stauden dieser Pflanzen sitzend beobachten kann, hat man ihm auch den Zweitnamen Distelfink gegeben. Auch sein wissenschaftlicher Name »carduelis« – vom lateinischen »carduus«, die Distel - leitet sich davon ab. Im Gegensatz zu vielen anderen Singvogelarten verteidigen Stieglitze keine Reviere. So kann es zur Bildung kleiner Brutkolonien mit bis zu fünf Paaren kommen, die gemeinsam auf einem Baum brüten. Damit das Nest nicht von Fressfeinden entdeckt wird, verfolgen Stieglitze ein besonderes »Hygienekonzept«: Das Weibchen frisst in der ersten Woche den Kot der Jungen. In der zweiten Woche werden die Hinterlassenschaften durch die Altvögel abtransportiert. Anschließend wird der Kot vom Nachwuchs ringsherum auf dem Nestrand aufgetürmt. Im Mittelalter galt der farbenprächtige Stieglitz als Talisman zum Schutz vor der Pest und anderen Krankheiten. Man verspeiste die Vögel massenhaft als »Heilmittel« und hing sie in die Zimmer Erkrankter, in der Hoffnung, sie würden die Krankheit aufsaugen. Noch bis ins 20. Jahrhundert hinein galten Stieglitze als beliebte Käfigvögel.

Größe
12 – 13 cm

Spannweite
21 – 25 cm

Gewicht
12 – 18 g

Fortpflanzungsperioden / Jahr
1

Nachkommen / Periode
3 – 6

Höchstalter
12 Jahre

Bundesweiter Gefährdungsgrad (Rote Liste)
nicht gefährdet

Volkstümlicher Name
Distelfink

Stimmenbeschreibung
klingelnd, zwitschernd

Gummistiefel, Holzkugel, Schuhspanner, Zollstock, 35 x 15 x 30 cm

Totenkopfschwärmer

Acherontia atropos

Mit einer Spannweite von bis zu dreizehn Zentimetern und einem massiven Körper sind sie wahre Jumbojets. Totenkopfschwärmer sind Wanderfalter, die eigentlich in Südeuropa leben. Jedes Jahr überqueren jedoch einige von ihnen die Alpen. Dabei legen sie eine der geradlinigsten Wanderungen im Tierreich hin, gleichen Winde aus und selbst Schneestürme durchqueren sie zielsicher. Wegen seiner imposanten Erscheinung mit dem namensgebenden »Totenkopf« auf dem Hinterleib galt er einst als unheilbringend und Bote des Todes. Noch heute wird er, etwa in dem Film »Das Schweigen der Lämmer«, als Sinnbild für das Böse verwendet. Im Gegensatz zu den anderen Schwärmern trinkt er keinen Nektar an Blüten, sondern dringt mit angelegten, vibrierenden Flügeln in Bienenstöcke ein, wo er mit seinem kurzen und sehr festen Rüssel Honigzellen ansticht und aussaugt. Die Honigbienen vertreiben den ungebetenen Gast nicht, da eine »chemische Tarnkappe« ihn im Bau »unsichtbar« macht. Sein Geruch besteht aus einer Mischung von vier verschiedenen Fettsäuren, die in Konzentration und Verhältnis nahezu perfekt den Duft der Honigbienen imitieren. Der Totenkopfschwärmer ist der einzige heimische Falter, der einen deutlich hörbaren Sound abgibt: Bei Gefahr kann er erstaunlich laute, pfeifende Geräusche von sich geben, die potenzielle Angreifer kurzzeitig verschrecken sollen. Dazu wird Luft durch den Rüssel eingesaugt und die Speiseröhre verschlossen. Durch abwechselndes Öffnen und Schließen der Mundöffnung entweicht der Druck und es entstehen diese an eine Maus erinnernden, quiekenden Alarmgeräusche. Reicht diese Abwehrstrategie nicht, kann er noch ein stinkendes Sekret absondern. Auch seine wie Zuckerstangen vom Jahrmarkt aussehenden Raupen geben Töne von sich. Die bis zu dreizehn Zentimeter langen Larven erzeugen mit den Mundwerkzeugen knirschende Sounds, wenn sie sich bedroht fühlen.

Größe
5 – 6 cm

Spannweite
9 – 13 cm

Gewicht
3 – 8 g

Fortpflanzungsperioden / Jahr
1

Nachkommen / Periode
100 – 200

Höchstalter
2 Monate (Imago)

Bundesweiter Gefährdungsgrad (Rote Liste)
nicht bewertet

Volkstümlicher Name
Totenvogel

Stimmenbeschreibung
quiekend, fiepsend

Handschuh, Schnapsbecher, Mandolinenhals, Fahrradsattel, 20 x 35 x 7 cm

Trompetergimpel

Pyrrhula pyrrhula pyrrhula

Der Gimpel gehört zur Familie der Finken. Sein Name leitet sich von seinem Verhalten ab, seine Nahrung oft hüpfend auf dem Boden zu suchen, und geht auf das bairisch-österreichische Wort »gumpen«, für hüpfen, zurück. Im Volksmund nennt man ihn gerne auch Dompfaff, da seine plump wirkende Gestalt mit dem lachsroten »Gewand« des männlichen Gimpels und der markanten schwarzen Kappe die Menschen an einen Geistlichen erinnerte. Seinem kompakten Körperbau mit dem regelrechten Stiernacken verdankt er seinen englischen Namen »bullfinch«. Da er sich einst bei der Vogeljagd leicht durch Stimmennachahmung oder Lockvögel fangen ließ, galt er lange als Symbol für Leichtgläubigkeit oder Tölpelhaftigkeit. Im Winter kann man bei uns auch aus nordischen Gefilden einfliegende Gimpel einer besonderen Unterart bestaunen. Sie sind optisch kaum von der hier brütenden Unterart zu unterscheiden, nur etwas größer und kräftiger. Doch ihr Ruf unterscheidet sich deutlich. Statt eines weichen, traurig anmutendem »pijjü« erklingt ein blecherneres »dööd«, welches verblüffend an die doppelläufigen Spielzeugtröten aus Plastik erinnert. Dieser markante Ruf hat der nordeuropäischen Unterart den Beinamen Trompetergimpel eingebracht. Der eigentliche Gesang der Gimpel ist recht leise, eine melancholische Melange aus Pfeiftönen und hellen Trillern, die von einem auffälligen Zucken mit dem Schwanz begleitet werden. Er ist ein reiner Werbegesang und dient nicht wie bei anderen Vogelarten auch der Reviermarkierung, da sie nur im Nestbereich Abwehrverhalten gegenüber Artgenossen zeigen. Gimpel sind äußerst gesellige und soziale Vögel, die man fast immer paarweise oder in kleinen Familienverbänden antrifft. Während der zweiwöchigen Brutdauer wird das Weibchen, auf dem Nest sitzend, regelmäßig vom Männchen fürsorglich gefüttert, sodass es dieses nicht verlassen muss.

Größe
15 – 19 cm

Spannweite
22 – 36 cm

Gewicht
24 – 30 g

Fortpflanzungsperioden / Jahr
2

Nachkommen / Periode
4 – 6

Höchstalter
13 Jahre

Bundesweiter Gefährdungsgrad (Rote Liste)
nicht gefährdet

Volkstümlicher Name
Dompfaff

Stimmenbeschreibung
trötend, tutend

Boje, Topfdeckel, Trompete, Skier, Skateboard, 170 x 100 x 90 cm

Wachtelkönig

Crex crex

Der Wachtelkönig gehört zu den Rallen, wie etwa auch das Blässhuhn, und ist also mit Hühnervögeln wie den Wachteln überhaupt nicht näher verwandt. Sein seltsamer Name liegt darin begründet, dass man einst glaubte, er sei der Anführer, der König der Wachteln. Dies rührt daher, dass er einen ähnlichen Lebensraum wie die Wachteln beansprucht und früher bei der Jagd oft mit ihnen zusammen erlegt wurde. Trotz keiner näheren Verwandtschaft ähnelt er ihnen aber äußerlich, ist jedoch deutlich größer und seltener. Wachtelkönige haben einen ganz charakteristischen, schnarrenden Balzruf, der an das Ratschen mit dem Fingernagel über einen Kamm erinnert. Meist in der Nacht ist das laute, knarrende »Crex crex« der Männchen stundenlang zu vernehmen, das bis zu einem Kilometer weit zu hören ist. Daher rühren auch sein lautmalerisch wissenschaftlicher Name »Crex crex« und seine volkstümlichen Bezeichnungen »Wiesenknarrer« oder »Schnarre«. Mehrere Männchen schließen sich gelegentlich zu Rufgemeinschaften zusammen. Sie bilden so einen großen gemeinsamen »Rufteppich«, was die Wahrscheinlichkeit erhöht, die nachts ziehenden Weibchen anzulocken. Der Wachtelkönig ist ein sehr scheuer und zurückgezogen lebender Bewohner feuchter, extensiv bewirtschafteter oder beweideter Wiesen, den man so gut wie nie zu Gesicht bekommt. Aufgrund von Lebensraumzerstörung durch Trockenlegungen ehemaliger Feuchtgebiete, frühzeitiger Mahd und Pestizideintrag gingen seine Bestände bei uns dramatisch zurück. Mittlerweile gilt er bei uns als vom Aussterben bedroht und es gibt nur noch rund eintausendfünfhundert Wachtelkönigreviere in ganz Deutschland. Ein König verliert sein Reich.

Größe
27 – 30 cm

Spannweite
46 – 53 cm

Gewicht
135 – 200 g

Fortpflanzungsperioden / Jahr
1

Nachkommen / Periode
7 – 12

Höchstalter
8 Jahre

Bundesweiter Gefährdungsgrad (Rote Liste)
vom Aussterben bedroht

Volkstümlicher Name
Wiesenknarrer

Stimmenbeschreibung
knarrend, ratschend

Messingvase, Blechschere, Alublech, Gartenkrallen, 65 x 20 x 55 cm

Waldkauz

Strix aluco

Tagsüber ist der nachtaktive Waldkauz dank seines rindenfarbenen Gefieders auf einem Baum sitzend bestens getarnt. Seine Ohren sind asymmetrisch an seinem Schädel angeordnet, wodurch der Schall zeitverzögert auftritt. Durch diesen Zeitunterschied kann er seine Beute selbst in tiefster Dunkelheit exakt orten. Die Federn des Waldkauzes sind sehr weich und haben ausgefranste Kanten. Dadurch bilden sich statt einem großen ganz viele kleine Luftströme. So werden Fluggeräusche abgedämpft, weshalb sein Flug nahezu lautlos ist. Durch diese Stille kann er seine ahnungslose Beute einerseits störungsfrei orten und andererseits schlagartig überraschen. Seine Halswirbelsäule kann der Kauz um bis zu zweihundertsiebzig Grad drehen, um alles im Blick zu haben und seinen Gesichtsschleier, der als Schalltrichter dient, auf eine Geräuschquelle zu richten. Ermöglicht wird dies durch vierzehn Halswirbel mit extraweiten Wirbellöchern, die verhindern, dass die Halsschlagader dabei abgequetscht wird. Die Netzhaut seiner riesigen, lichtempfindlichen Augen besitzt viele Sehzellen für die Hell-Dunkel-Wahrnehmung, aber kaum Rezeptoren fürs Farbsehen. Daher sieht eine Eulenwelt hauptsächlich schwarz-weiß aus. Bereits im Herbst kann man die typischen »Huh-Huhuhu-Huuuh«-Revierrufe des Männchens vernehmen. Im März beginnt dann die eigentliche Balz, bei der das Weibchen mit einem rauen »Kuwitt« antwortet. Dieser Ruf wurde einst im Volksaberglauben als »Komm mit!« (ins Jenseits) verstanden. Außerdem traf man Waldkäuze häufig an, wenn ein Mensch im Sterben lag. Dies führte dazu, dass er als »Totenvogel« verschrien war; man ihn jagte, tötete und zur Abschreckung des Todes an Haustüren nagelte. Der wahre Grund, warum sich die Eule jedoch gern in der Nähe von Sterbebetten aufhielt, waren die schmackhaften Nachtfalter, die das Licht der Nachtwachen anlockte.

Größe
37 – 42 cm

Spannweite
94 – 104 cm

Gewicht
330 – 630 g

Fortpflanzungsperioden / Jahr
1

Nachkommen / Periode
3 – 6

Höchstalter
22 Jahre

Bundesweiter Gefährdungsgrad (Rote Liste)
nicht gefährdet

Volkstümlicher Name
Baumkauz

Stimmenbeschreibung
heulend, schreiend

Aluschüssel, Topf, Fahrradhelm, Spülbürsten, 38 x 20 x 25 cm

Wechselkröte

Bufotes viridis

Ihren Namen verdankt die Wechselkröte zum einen der Tatsache, dass jedes Individuum ein unterschiedliches kontrastreiches Muster an olivgrünen Flecken an Rücken und Flanken aufweist; wie ein individueller Fingerabdruck. Zum anderen rührt ihr Name daher, dass sie die Grundfarbe ihrer Haut je nach Lichtintensität und Temperatur der Umgebungshelligkeit anpassen kann. »Kröte, wechsle dich.« Eigentlich sind Wechselkröten klassische Bewohner von Steppen und auf trockene, heiße Standorte mit grabbaren Böden und schütterer Vegetation angewiesen. Solche kargen Landschaften fanden sie nach der letzten Eiszeit und dem Rückzug der Gletscher in unseren Gefilden großflächig vor. Die natürlich einsetzende Verbuschung und Bewaldung führte jedoch dazu, dass sie heute nur noch in wenigen Gebieten bei uns existieren können und es auch schon ohne unser Zutun sehr schwer haben. Die Wechselkröte ist auf fisch- und libellen larvenfreie Pioniergewässer angewiesen, wie sie früher etwa in Überschwemmungszonen vorkamen. Es ist jedes Jahr von Neuem ein Wettlauf gegen die erbarmungslose Verdunstung, ein Lotteriespiel, welches sie mit bis zu unglaublichen fünfzehntausend Eiern in vier Meter langen Laichschnüren eingeht. Trocknet die Pfütze aus, sterben alle Nachkommen des Jahres. Im Gegensatz zur Erdkröte besitzt sie eine Schallblase, denn sie hat zur Arterhaltung keine Zeit zu verlieren und muss möglichst viele Artgenossen in potenzielle Laichgewässer durch ihre durchdringenden, trillerartigen Rufe rekrutieren. Der Wechselkrötensound erinnert interessanterweise an die Stridulationslaute der Maulwurfsgrille.

Größe
6 – 10 cm

Spannweite
–

Gewicht
29 – 87 g

Fortpflanzungsperioden / Jahr
1

Nachkommen / Periode
2 000 – 15 000

Höchstalter
10 Jahre

Bundesweiter Gefährdungsgrad (Rote Liste)
stark gefährdet

Volkstümlicher Name
Grüne Kröte

Stimmenbeschreibung
trillernd, anschwellend

Ball, Schuh, Seil, Gabeln, 12 x 25 x 30 cm

Zaunkönig

Troglodytes troglodytes

Der Zaunkönig ist nach den beiden Goldhähnchenarten die drittkleinste heimische Vogelart; dennoch hat er mit über neunzig Dezibel eine der lautesten Stimmen. Sein schmetternder Gesang mit dem markanten »Ich,-ich,-ich-bin-derrrrrr-König«-Triller ist bis zu fünfhundert Meter weit zu hören. Der Zaunkönig singt selbst im tiefsten Winter, woher die Redewendung »sich wie ein Schneekönig freuen« rührt. In besonders kalten Winternächten kuscheln sich die kleinen Vögel gerne zu sich gegenseitig wärmenden Schlafgemeinschaften aneinander. Auch Weibchen singen, wenn auch weniger laut. Zur Brutzeit kann man beide Geschlechter häufig beim Austragen eines »flirtenden« Gesangsduetts bewundern. Den rundlich wirkenden Vogel kann man sehr gut an seiner charakteristischen Körperhaltung mit dem häufig steil aufgerichteten Schwanz erkennen. Er ernährt sich ausschließlich von Spinnen und Insekten, die er vor allem in Bodennähe sucht. Wie eine kleine Maus huscht er flink durchs Dickicht. Sein spitzer, pinzettenartiger Schnabel erlaubt ihm, auch in kleinsten Ritzen noch Nahrung zu finden. Das Männchen baut gleich mehrere, kunstvoll verwobene, kugelförmige Nester. Das Weibchen sucht sich einen dieser Rohbauten aus; erst dann wird es mit Moos ausgepolstert. Manch properes Männchen lockt gleich mehrere Weibchen in sein Revier und beherbergt so zahlreiche Bruten gleichzeitig. Sein Name geht auf eine zweitausendfünfhundert Jahre alte Fabel zurück, nach der der Vogel König werde, der am höchsten fliegen könne. Der Zaunkönig ließ sich auf den Schultern des Adlers tragen, flog aber selber erst los, als dieser müde wurde, und übertraf ihn so noch an Höhe. Der betrügerische König fürchtet sich jedoch noch heute vor dem Argwohn der anderen Vögel und schlüpft heimlich durch dichte Hecken, die damals als Zäune dienten.

Größe
9 – 10 cm

Spannweite
14 – 15 cm

Gewicht
8 – 13 g

Fortpflanzungsperioden / Jahr
2

Nachkommen / Periode
4 – 8

Höchstalter
7 Jahre

Bundesweiter Gefährdungsgrad (Rote Liste)
nicht gefährdet

Volkstümlicher Name
Zaunschlüpfer

Stimmenbeschreibung
tschirpend, zwitschernd

Eierbecher, Nagelschere, Aludraht, Karton, 15 x 6 x 13 cm

Ziegenmelker

Caprimulgus europaeus

Aufgrund seiner nächtlichen Jagd nach Insekten wird der Ziegenmelker auch Nachtschwalbe genannt. Mit seinem sehr kurzen, aber unglaublich breiten Schnabel schnappt er Fluginsekten aus dem Nachthimmel, einem Wal gleich, der Krill aus dem Meer fischt. Starre Borsten in den Schnabelwinkeln wirken dabei wie ein Trichter und vergrößern so die Oberfläche des Schlundes. Sein bizarres Aussehen mit seinem riesigen Maul und den tagsüber zugekniffenen Augen regte die Menschen schon in der Römerzeit zu der abenteuerlichen Vermutung an, er würde nachts an den Eutern der Ziegen im Stall saugen. In Wirklichkeit verschlagen ihn aber nur die vom Vieh angelockten Insekten dorthin. Das minutenlange charakteristische Schnurren eines männlichen Ziegenmelkers während seines schmetterlingshaften Balzfluges ist ein beeindruckendes Klangerlebnis. Es klingt merkwürdig unnatürlich, eher wie der Oszillator eines Synthesizers oder wie ein Mofa in weiter Ferne. Auch auffällig ist ein peitschender Sound inmitten seiner Schnurrorgien. Diesen erzeugt er nicht etwa wie Tauben durch ein Zusammenschlagen der Flügel, sondern indem er seine sehr langen Flügel blitzschnell »ausschlägt«. Ein vergleichbares Geräusch entsteht etwa beim Ausschlagen eines Handtuchs. Tagsüber ruht er absolut regungslos auf dem Boden oder auf Ästen. Auf Letzteren übrigens immer in Längsrichtung, denn mit seinem rindenfarbenen Gefieder sieht er selbst aus nächster Nähe wahrlich aus wie ein Stück Holz. Wenn bei nasskalter Witterung kaum Fluginsekten unterwegs sind, können der Ziegenmelker und vor allem seine Nestlinge ihren Stoffwechsel extrem herunterfahren. In dieser Kältestarre, auch Torpor genannt, können sie so unbeschadet mehrere Tage ohne Nahrung überdauern.

Größe
26 – 28 cm

Spannweite
52 – 59 cm

Gewicht
75 – 100 g

Fortpflanzungsperioden / Jahr
1

Nachkommen / Periode
2 – 3

Höchstalter
5 Jahre

Bundesweiter Gefährdungsgrad (Rote Liste)
gefährdet

Volkstümlicher Name
Nachtschwalbe

Stimmenbeschreibung
schnurrend, ratternd

Korkrinde, Gabeln, Aluminium, Karton, 18 x 15 x 35 cm

Zweifarbfledermaus

Vespertilio murinus

Ihren Namen verdankt diese mittelgroße Fledermausart ihrer auffälligen Färbung des Rückenfells, dessen Behaarung zweifarbig ist. Während die Basis schwarzbraun ist, sind die Haarspitzen silberweiß gefärbt. Dadurch wirkt ihr Fell, als sei es mit Raureif überzogen. Zusammen mit dem weißgrauen Bauch ist sie so eine der auffälligsten Fledermausarten unserer Breiten. Bemerkenswert ist auch die Tatsache, dass die Zweifarbfledermaus als einzige heimische Art vier statt zwei Milchzitzen besitzt. Der Name Fledermaus stammt übrigens von dem althochdeutschen Wort »Fledarmūs« ab und bedeutet so viel wie »Flattermaus«. Denn sie sehen zwar auf den ersten Blick einer Maus recht ähnlich, zu den Mäusen gehören sie jedoch nicht: Fledermäuse sind näher mit Maulwurf und Igel verwandt. Die biologische Ordnung der Fledertiere heißt »Chiroptera«, was so viel wie »Handflügler« bedeutet. Denn Fledermäuse fliegen tatsächlich mit den Händen: Anders als bei den Vögeln sind ihre Finger und Mittelhandknochen nicht zurückgebildet. Im Gegenteil: Ihre ellenlangen Finger sind voll in die Flughaut integriert und damit ist der gesamte Flügel sehr beweglich. Fledermäuse sind dadurch deutlich manövrierfähiger als Vögel. Die Zweifarbfledermaus ist eine typische Bewohnerin von Spalten an Gebäuden. Von September an und sogar noch bis in den Dezember hinein kann man Zweifarbfledermäuse in Städten bei ihren akrobatischen Balzflügen an hohen Gebäuden bestaunen. Während der rasanten Jagd kann ihr Puls auf über eintausend Schläge pro Minute steigen. Kein Problem für eine Fledermaus, da sie proportional zum Körpermaß das größte und effizienteste Herz aller Säugetiere hat. Während des Winterschlafs sinkt die Herzrate auf fünf bis zehn Schläge pro Minute.

Größe
5,5 – 6,3 cm

Spannweite
26 – 30 cm

Gewicht
12 – 20 g

Fortpflanzungsperioden / Jahr
1

Nachkommen / Periode
1 – 2

Höchstalter
12 Jahre

Bundesweiter Gefährdungsgrad (Rote Liste)
Daten unzureichend

Volkstümlicher Name
–

Stimmenbeschreibung
klickernd, knatternd

Plastikflasche, Schusterleisten, Fell, Brillenetui, 15 x 80 x 35 cm

Biografien

Dominik Eulberg, geboren 1978 im Westerwald, ist studierter Ökologe, international gebuchter Musiker und stiller Beobachter heimischer Flora und Fauna gleichermaßen. Er erhielt den Preis der Deutschen Schallplattenkritik, wurde von Fachmagazinen zum Produzenten des Jahres gewählt, belegt regelmäßig Top-Platzierungen in der Kategorie DJ und landete mit seinen letzten beiden Alben in den Deutschen Charts. Er ist auf ganz mannigfaltige Art und Weise tätig, uns für die Schönheit und Schützenswürdigkeit der Natur zu sensibilisieren. Etwa mit seinem Buch »Mikroorgasmen überall«, welches zum »Wissensbuch des Jahres 2020/21« gekürt wurde, entwickelt Natur-Sensibilisierungspiele, etwa das multimediale Vogelquartett »Fliegende Edelsteine«, ist Botschafter vieler Naturschutzorganisationen, arbeitet mit dem Naturfilmer Jan Haft permanent an TV- und Kinofilmen und ist Gastwissenschaftler am Berliner Museum für Naturkunde.

Matthias Garff, geboren 1986 in Solothurn in der Schweiz, ist ein deutscher Künstler. Er studierte an der Hochschule der Bildenden Künste in Dresden. Seine Plastiken baut er aus Fundstücken und Alltagsgegenständen. Diese unerwartete Materialität ist humorvoll, nachvollziehbar und von spröder Schönheit. Garffs Werke sind bereits in namhaften Sammlungen vertreten – darunter in der des Deutschen Bundestages. 2019 entwickelte er zahlreiche Tierfiguren für die neue Kinderwelt des Jüdischen Museums Berlin. Seine Arbeiten wurden in Gruppen- und Einzelausstellungen, u.a. in der Städtischen Galerie Offenburg, dem Museum der Bildenden Künste Leipzig und der Staatsgalerie Stuttgart, gezeigt. Er lebt und arbeitet in Leipzig.

Geburtsjahr
1978 / 1986

Geburtsort
Hadamar / Solothurn

Lieblingstier
Eisvogel / Eichelhäher

Lieblingstierstimme
Kranich / Buchfink

Wenn ich ein Tier wäre …
Eistaucher / Fuchs

Aktivitätshöhepunkt
Nacht / Tag

Lieblingsinstrument
Prophet 5 / Akkuschrauber

Tollstes Fundstück
Bernstein / Auto-Dachbox

Online
dominik-eulberg.de
garff.de

Matthias Garff, Dominik Eulberg, Westerwälder Seenplatte, 2023

Danke

Natalia Eulberg, Sabine Hampel, Irmgard Eulberg, Dr. Kim Mortega, Dominique Pleimling, Thomas Hörren, Markus Harzdorf, Frederic Griesbaum, Prof. Dr. Mirjam Knörnschild, Dr. Karl-Heinz Frommolt, Jan & Melanie Haft, Fritz Habekuß, Julius Greger, Wolfgang Schnermann, Veronica Garcia, Christian und Silvia Koker, Ronald Mettke, Thaddäus Ulbrich, Andrew Müller, Felix Volkheimer, das gesamte Museum für Naturkunde Berlin und Tim die Katze